LOCAUX D'HABITATION

INSTALLATION ÉLECTRIQUE

PROMOTELEC
Tour Chantecoq - 5, rue Chantecoq
92808 PUTEAUX Cedex
Tél. 01 41 97 42 22
www.promotelec.com

22e ÉDITION

ISBN : 2-915673-07-1

N : Chapitre nouveau ou comportant des modifications

Les recommandations de Promotelec sont identifiées par un texte italique bleu.

Sommaire

LES POINTS IMPORTANTS D'UNE INSTALLATION ÉLECTRIQUE

RÈGLES GÉNÉRALES :
- conformité des matériels aux normes
- indices de protection des matériels adaptés au local ou à l'emplacement

ALIMENTATION (page 10)
- disjoncteur de branchement
- coupure d'urgence

PROTECTION DES PERSONNES (page 21)
différentiel(s) 30 mA + circuit de terre

SÉPARATION DES FONCTIONS (page 31)
éclairage, prises de courant, chauffage, chauffe-eau, cuisson, lavage...

PROTECTION DES CIRCUITS (page 29)
protection et sectionnement à l'origine de chaque circuit, adaptés à la section des conducteurs

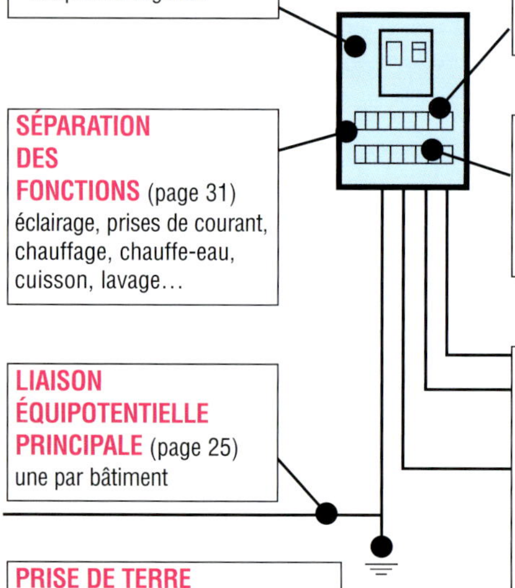

LIAISON ÉQUIPOTENTIELLE PRINCIPALE (page 25)
une par bâtiment

CANALISATIONS ET APPAREILLAGE (pages 36 et 53)
- tous les circuits avec conducteur de terre
- continuité de la protection mécanique tout au long du cheminement

CONNEXIONS (page 51)
- toujours accessibles

PRISE DE TERRE (page 23)
100 ohms maxi pour un différentiel de 500 mA

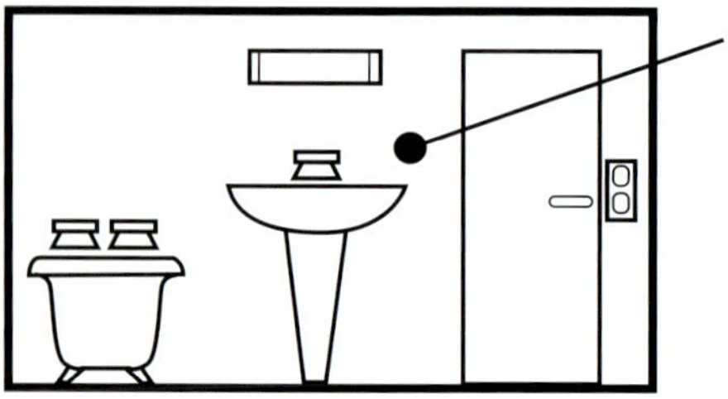

SALLE DE BAINS (page 58)
- respect des volumes
- liaison équipotentielle locale (une par salle de bains)

Avant-propos

Les dispositions du présent mémento sont issues de la norme NF C 15-100 édition 2002 et sont d'application obligatoire aux installations électriques des locaux d'habitation dont la date de dépôt de permis de construire (ou à défaut la date de signature de marché ou encore à défaut la date d'accusé de réception de commande) est postérieure au 31 mai 2003.

Les textes réglementaires

Les installations électriques des locaux privatifs à usage d'habitation sont régies par les textes officiels ci-après :

- la norme NF C 15-100 de l'Union technique de l'électricité (UTE) rendue obligatoire par l'arrêté du 22 octobre 1969 du Code de la construction et de l'habitation qui fixe les règles générales d'installations, accompagnée notamment des guides pratiques suivants :
  - UTE C 15-103 (choix des matériels en fonction des influences externes),
  - UTE C 15-755 (installations d'appareils d'utilisation alimentés par des installations différentes),
  - UTE C 15-520 (canalisations, modes de pose, connexions),
  - UTE C 15-559 (installations d'éclairage en très basse tension).

  L'arrêté cité ci-dessus ne concerne que les habitations neuves, les surélévations et additions de bâtiments.
  L'habitat existant est visé par le règlement sanitaire départemental (article 51), qui impose la conformité à la NF C 15-100 dans le cas de renforcement ou de remplacement des circuits(1) ;

- la directive européenne basse tension qui concerne les matériels mis en œuvre, reprise en France par le décret n° 95-1081 du 3 octobre 1995.
  Ce texte fixe les exigences essentielles de sécurité auxquelles doivent répondre les matériels électriques à basse tension.

(1) La mise en sécurité des installations existantes est traitée dans le « guide de mise en sécurité » de Promotelec.

Les matériels électriques qui sont conformes aux normes européennes (EN), documents d'harmonisation (HD) ou normes nationales idoines satisfont à ces exigences essentielles de sécurité. Par ailleurs, ils garantissent le niveau de performance du matériel électrique ainsi que son aptitude à la fonction.
Afin de faciliter l'application de ces textes, il a paru utile de regrouper dans un seul document leurs principales dispositions.

Le présent guide, qui ne saurait se substituer aux prescriptions officielles, traite exclusivement de la partie privative de l'installation électrique ; les installations des services généraux d'immeuble d'habitation font l'objet du mémento « Immeubles collectifs - Installations électriques des parties communes et des services généraux » édité également par Promotelec.

Nota : *les chambres d'hôtes (5 chambres maxi), les gîtes communaux et intercommunaux, les logements des foyers-logements ainsi que les maisons meublées, sont classés en locaux d'habitation.*

DISPOSITIONS GÉNÉRALES

(voir complément en annexe page 102).

Caractéristiques de l'installation

- L'installation électrique d'un logement commence aux bornes de sortie du disjoncteur de branchement. Un logement ne possède qu'une seule installation raccordée à un seul branchement.

- Le schéma des liaisons à la terre est habituellement TT puisque l'installation est généralement alimentée depuis le réseau de distribution publique à basse tension. Dans certains cas, ce schéma des liaisons à la terre peut être TN ou IT, notamment lorsque l'installation est alimentée à partir d'un poste de transformation privé (seul le schéma TT est traité dans le présent mémento).

- La fréquence du réseau est de 50 Hz.

- Les locaux d'habitation des constructions neuves sont généralement alimentés en courant monophasé 230 volts (entre phase et neutre ou entre phases)(1).

  Dans certains cas l'alimentation ne peut être assurée qu'en triphasé (230/400 V). Il y a lieu de se renseigner auprès du service local de distribution d'énergie électrique.

- Le branchement monophasé présente des avantages pour l'usager, notamment :
  - installation plus simple ;
  - absence de contrainte d'équilibrage des phases ;
  - puissance souscrite inférieure entraînant une économie sur la prime fixe.

- Les appareils électro-domestiques fonctionnent habituellement en monophasé. Le branchement monophasé est donc le mieux adapté à cette situation.

- Le branchement triphasé ne s'impose que si l'usager désire utiliser des appareils comportant un moteur triphasé, dans le cas d'impossibilité technique du réseau de distribution publique ou dans le cas de puissance souscrite supérieure à 18 kVA.

  Pratiquement, une puissance de 12 kVA en monophasé est le plus souvent suffisante pour les maisons individuelles même si elles sont équipées d'un chauffage électrique, étant donné les normes d'isolation thermique.

---

(1) Entre phases, l'un des conducteurs doit être identifié par le marquage distinctif du conducteur de neutre et traité comme tel.

Disjoncteur de branchement

- Le disjoncteur de branchement doit normalement être placé à l'intérieur du local d'habitation (voir également en annexe p. 103 «Canalisations»).
- Les disjoncteurs de branchement doivent porter la marque NF-USE. Ils comportent généralement une fonction différentielle 500 mA type S (voir p. 22) et sont conformes à la norme NF C 62-411.

Type de disjoncteurs	Nombre de pôles	Courants en ampères	
		nominaux	de réglage
avec fonction différentielle intégrée 500 mA	2	45	15-30-45
	2	60	30-45-60
	2	90	60-75-90
	4	30	10-15-20-25-30
	4	60	30-40-50-60

Tableau 1

Coupure d'urgence

- La sécurité d'utilisation d'une installation électrique impose la présence, à l'intérieur des locaux d'habitation, d'un dispositif de coupure d'urgence permettant la mise hors tension rapide de l'installation électrique en cas de danger.
- Cette fonction peut être assurée par le disjoncteur de branchement (DB).
  Dans le cas d'une maison individuelle, celui-ci peut être situé dans un local privatif annexe attenant et communiquant directement avec le local d'habitation : garage par exemple.

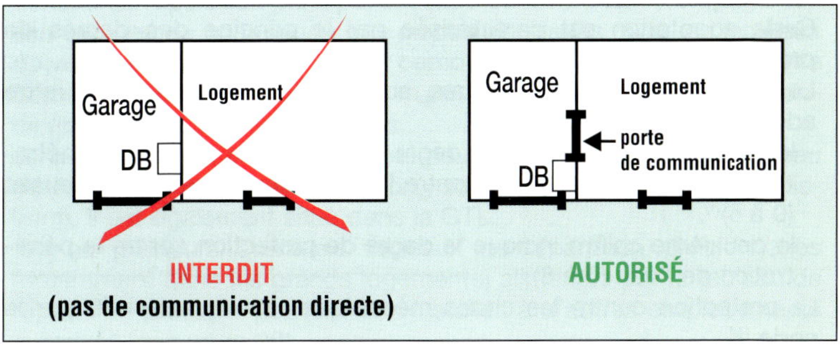

Fig. 1

Tableau de répartition principal

Il doit être conforme à la norme NF C 61-910 “blocs de commande et de répartition montés en usine”.

Il est recommandé de n’employer à l’intérieur des tableaux que des matériels ou bornes protégés.

Le tableau de répartition comporte :

- un répartiteur de phase ;
- un répartiteur de neutre ;
- le (ou les) dispositif(s) différentiel(s) haute sensibilité (30 mA) ;
- des barres de pontage (peigne isolé) de phase et de neutre ;
- les dispositifs de protection contre les surintensités des circuits (disjoncteurs divisionnaires ou coupe-circuit à cartouches, fusibles,
- un répartiteur de terre ;
- d’autres appareillages modulaires tels que télérupteurs, contacteurs, parafoudres, relais heures creuses pour chauffe-eau à accumulation, délesteur, transformateur de sonnerie, programmateur, gestionnaire…
- Une réserve de 20 % doit être respectée en prévision d’ajouts futurs.

La figure 3 présente un exemple de réalisation.

Remarques :

- il ne doit être raccordé qu’un seul conducteur par borne de sortie du disjoncteur de branchement ;
- la canalisation de liaison entre le disjoncteur de branchement et le tableau de répartition principal doit avoir la section minimale indiquée dans le tableau suivant :

Courant assigné du disjoncteur de branchement	Section minimale des conducteurs en cuivre (enveloppe isolante en PVC, PR, ou EPR)
45 A	10 mm^2
60 A	16 mm^2
90 A	25 mm^2

Tableau 3

- Lorsque le disjoncteur de branchement est éloigné du tableau de répartition, il convient de déterminer la section pour limiter la chute de tension (voir annexe page 104).
- L’alimentation des appareillages situés sur un même rail DIN peut avantageusement être réalisée individuellement par des conducteurs de section 10 mm^2 issus de répartiteurs de phase et de neutre, quel que soit le courant assigné du disjoncteur de branchement.

Exemple de tableau de répartition avec disjoncteurs divisionnaires

(pour un logement de surface ⩽ 35 m²)

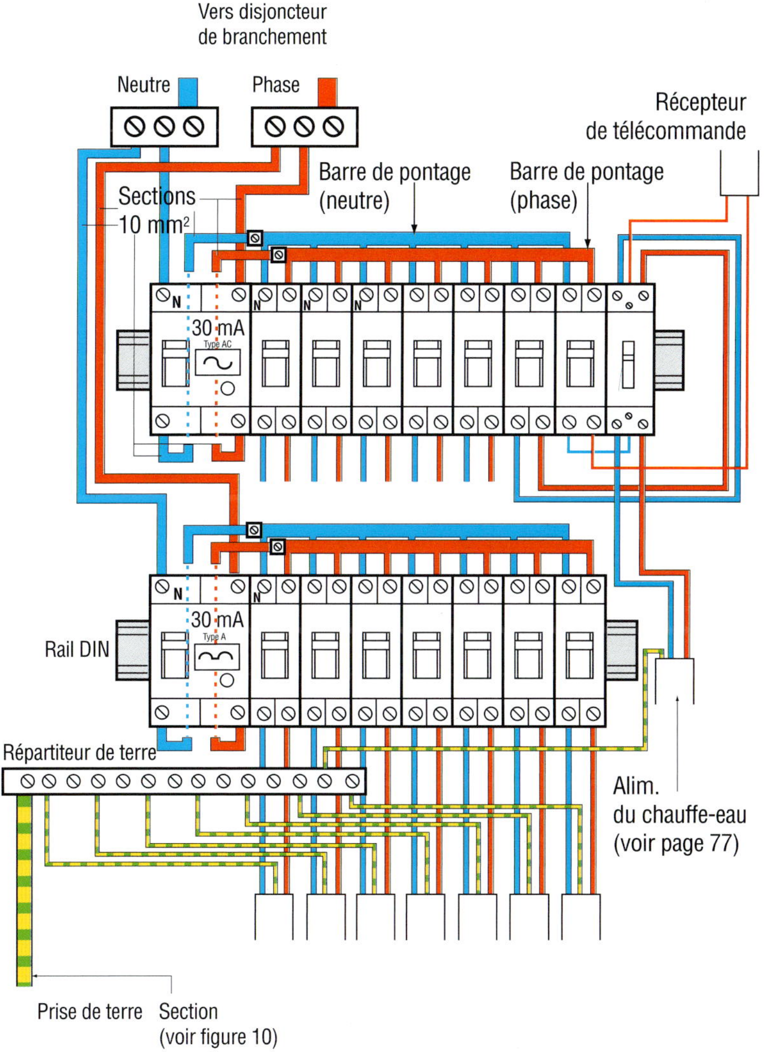

Fig. 3

Chaque circuit doit être repéré par une indication appropriée placée à proximité ou sur le dispositif de protection correspondant.

Un schéma comportant au moins les indications ci-après doit être établi (voir figure 4) :

- nature et type des dispositifs de protection et de commande (contacteurs, programmateurs, délesteurs, etc.) ;
- courant de réglage et sensibilité des dispositifs de protection et de commande ;
- nombre et section des conducteurs ;
- application (éclairage, prises, points d'utilisation en attente, etc.) ;
- local desservi (chambre 1, cuisine, etc.).

En outre, la puissance prévisionnelle sera inscrite sur le schéma, ainsi que la nature des éventuelles canalisations extérieures.

Un sens particulier d'alimentation des dispositifs de protection n'est pas imposé (sauf pour le disjoncteur de branchement). Toutefois la pratique courante est de les alimenter par le haut. Dans le cas contraire il est nécessaire d'apposer à l'intérieur du tableau de répartition un étiquetage afin de signaler les connexions sous tension après ouverture du circuit concerné.

Exemple de schéma pour un logement de surface ⩽ 35 m²

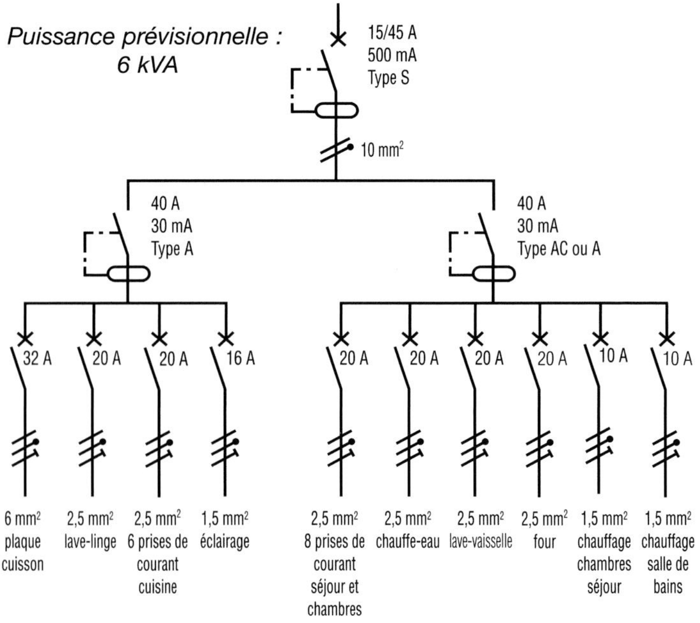

Fig. 4

La gaine technique logement (GTL)

Les tableaux doivent être posés à l'intérieur du logement, ce qui exclut de les placer dans les parties communes des immeubles collectifs.
Le tableau de répartition principal doit être placé dans la « gaine technique logement » située dans le logement, de préférence à proximité d'une entrée ou dans un local annexe directement accessible.

Exemple de gaine technique logement dans un garage de maison individuelle

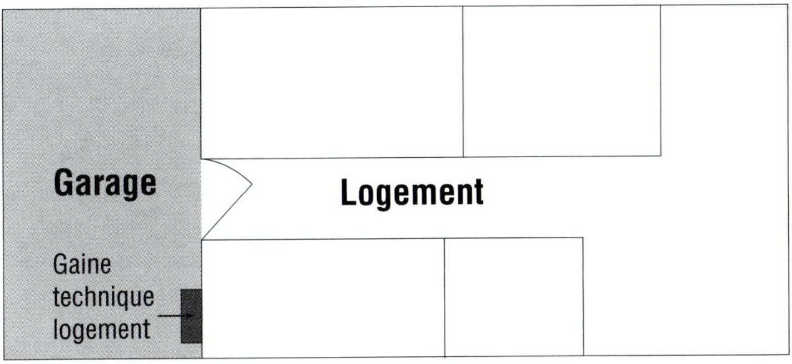

Fig. 5

La gaine technique logement doit comprendre 2 socles de prise de courant 16 A 250 V 2P + T sur un circuit séparé pour alimenter des équipements de communication numérique.
En maison individuelle, la barrette de terre se trouve souvent dans la GTL.

Les dimensions de la gaine technique logement sont indiquées par les figures 6 et 7. La figure 7 donne un exemple d'organisation d'une gaine technique logement.

D'autres organisations sont possibles, le guide UTE C 15-900 en donne quelques exemples et énumère les critères techniques devant être respectés pour assurer la compatibilité électromagnétique.

En tout état de cause, aucune canalisation autre qu'électrique ne doit se trouver dans la GTL.

Dimensions de la gaine technique logement

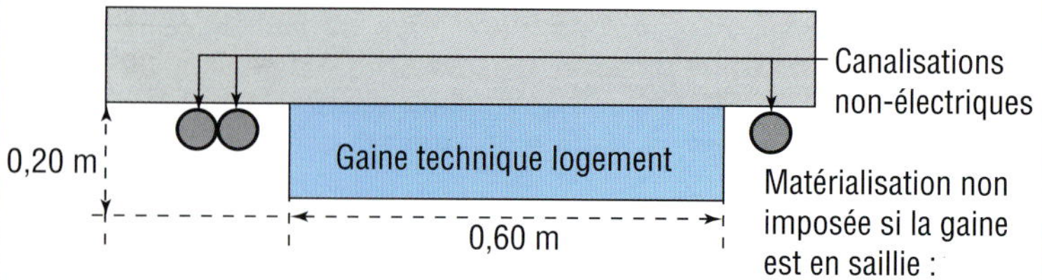

Matérialisation non imposée si la gaine est en saillie : peut se limiter à une goulotte recevant les coffrets.

Petits logements Sh ⩽ 35 m² gaine de dimensions réduites : 0,15 m x 0,45 m

Fig. 6

Exemple d'organisation intérieure de la gaine technique logement

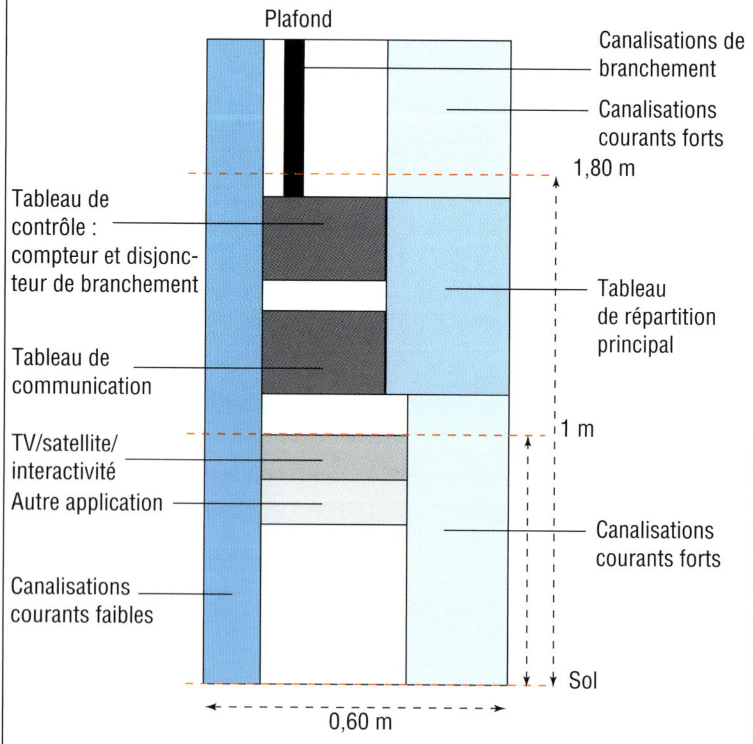

Fig. 7

Dans certains cas de logement de grande surface, notamment en maison individuelle, des tableaux divisionnaires sont prévus.

La canalisation reliant le tableau de répartition principal au tableau divisionnaire doit être protégée contre les surintensités si sa section est inférieure à celle donnée par le tableau 3 page 14. En outre, si le tableau de répartition divisionnaire est éloigné du tableau de répartition principal, la chute de tension qu'il convient de prendre en compte pour la détermination de la section des conducteurs de l'alimentation est de 1 %.

A titre indicatif, pour une chute de tension de 1 % en monophasé, le tableau 4 indique les longueurs maximales L (en mètre) entre le tableau de répartition principal et le tableau de répartition divisionnaire.

Longueur maximale L entre le tableau de répartition principal et le tableau de répartition divisionnaire

Courant assigné du dispositif de protection (A)	***Section cuivre (en mm²)***				
	1,5	2,5	4	6	10
Fusible	longueur L en mètres				
10	7	12	20	30	50
16	-	8	12	18	31
20	-	-	10	15	25
32	-	-	-	9	15
Disjoncteur	longueur L en mètres				
16	4	8	12	18	31
20	-	6	10	15	25
25	-	-	8	12	20
32	-	-	-	9	15
Ces longueurs sont à multiplier par 2 en triphasé. Lorsque le tableau de répartition divisionnaire est accolé au tableau de répartition principal, la chute de tension peut être prise égale à 2 %. Dans ce cas, les longueurs ci-dessus sont à multiplier par 2.					

Tableau 4

Les tableaux divisionnaires

Les tableaux divisionnaires doivent être mis en œuvre en des emplacements respectant les perscriptions suivantes :

Emplacement des tableaux	
INTERDIT	**DÉCONSEILLÉ**
• Salle d'eau (volumes 0, 1, 2 et 3) • placard, penderie (voir fig. 7) • au-dessus ou au-dessous d'un point d'eau (évier, lavabo, poste d'eau) • au-dessus d'un appareil de cuisson, • au-dessus d'un appareil de chauffage, • à l'extérieur.	• Salle d'eau (autres volumes) • dans les volées d'escalier • WC

Tableau 5

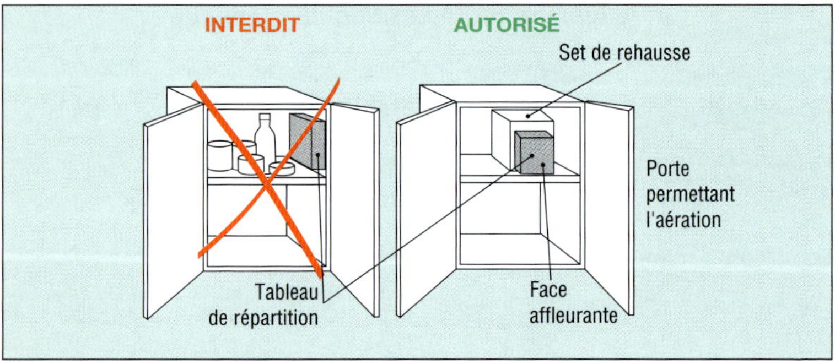

Fig. 8

Les tableaux divisionnaires peuvent être placé dans un placard s'il est aéré correctement et si des dispositions sont prises pour en assurer le libre accès et rendre impossible l'entrepôt d'objets devant les appareils (voir fig. 8).

Tableau de communication

Le tableau de communication[1] destiné à recevoir le point de livraison de l'opérateur (téléphonique, TV, …) doit être situé dans la gaine technique logement. De dimensions minimales 250 x 225 x 70 mm, il doit comporter au moins une barrette de terre et un rail conforme au document EN 50022 (C 63-015).
La liaison entre cette barrette de terre et celle du tableau de répartition principal doit être la plus courte possible (de préférence inférieure à 50 cm) et être assurée par un conducteur de mise à la terre fonctionnelle de section $\geqslant$ 6 mm^2 cuivre.

(1) Voir équipements de communication page 91.

Protection des personnes

Principe

La protection des personnes repose sur :

- l'impossibilité de toucher des parties sous tension par une mise en œuvre correcte des matériels ;
- la coupure automatique de l'alimentation en cas de défaut d'isolement d'un matériel de classe I par l'association mise à la terre/ dispositif différentiel.

En effet le raccordement à la terre de la carcasse conductrice d'un appareil électrique permet, dans le cas où celle-ci est mise accidentellement sous tension, l'évacuation du courant de défaut à la terre.

Cette «fuite» de courant est détectée par le dispositif différentiel placé en amont et l'alimentation de l'appareil est interrompue si l'intensité du courant de fuite dépasse le seuil de déclenchement du différentiel.

En pratique, la fonction différentielle est souvent intégrée au disjoncteur de branchement.

Rôle du dispositif différentiel

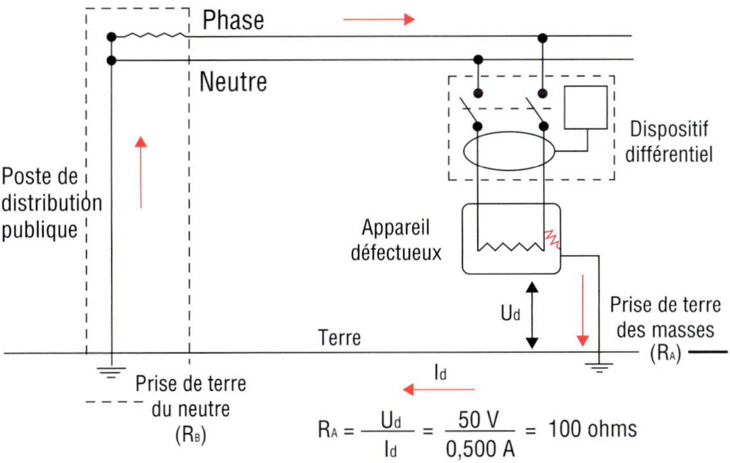

$$R_A = \frac{U_d}{I_d} = \frac{50\ V}{0{,}500\ A} = 100\ \text{ohms}$$

U_d ne doit pas dépasser la valeur de la tension conventionnelle $U_L = 50\ V$ pour assurer la sécurité.

Fig. 9

- Lorsque le disjoncteur de branchement comporte la fonction différentielle, son courant différentiel-résiduel assigné est de 500 mA.
- Lorsque le disjoncteur de branchement ne comporte pas de fonction différentielle, cette fonction doit alors être assurée, pour l'ensemble de l'installation, par plusieurs dispositifs différentiels. La partie d'installation comprise entre le disjoncteur de branchement et les dispositifs différentiels doit être réalisée de façon à procurer une protection équivalente à la classe II (voir "Principes de réalisation d'une partie d'installation en classe II", page 107).
- **La résistance de la prise de terre doit être au plus égale à 100 ohms**

  Cependant si la qualité du terrain ne permet pas l'obtention d'une valeur satisfaisante (sol pierreux, sable...) il est nécessaire d'utiliser un dispositif différentiel à courant différentiel résiduel $I_{\Delta n}$ plus faible comme indiqué dans le tableau 6.

Dispositif différentiel à courant différentiel résiduel ou sensibilité du différentiel (I Δn)	Résistance maximale de terre (RA)
500 mA	**100 Ω**
300 mA	167 Ω
100 mA	500 Ω

Tableau 6

Exceptionnellement, pour des valeurs de résistance de prise de terre supérieures à 500 ohms, il convient de choisir un dispositif différentiel de sensibilité au plus égale à 30 mA.

Toutefois, cette possibilité ne doit être utilisée qu'après avoir réalisé avec le plus grand soin la prise de terre (plusieurs piquets de terre de 2 m interconnectés par exemple).

Les dispositifs différentiels dont le courant différentiel résiduel est réglable ne doivent pas être utilisés, sauf si le courant différentiel résiduel réglable le plus élevé est celui prescrit pour la résistance de la prise de terre selon le tableau 6.

Les circuits de mise à la terre

Maison individuelle

Une installation de mise à la terre comprend l'ensemble des matériels qui permettent de relier les appareils d'utilisation et les prises de courant à la terre du bâtiment.
Notamment : (voir figure 10)

Ⓐ la prise de terre,
Ⓑ le conducteur de terre,
Ⓒ la borne principale de terre,
Ⓓ les liaisons équipotentielles,
Ⓔ le conducteur principal de protection,
Ⓕ les conducteurs de protection des circuits.

La prise de terre

Il existe deux principaux modes de réalisation d'une prise de terre : les conducteurs enfouis horizontalement et les piquets verticaux.

Les conducteurs enfouis horizontalement peuvent être disposés de deux manières :

• en boucle à fond de fouille (solution la plus efficace)

Cette solution consiste à effectuer sur le périmètre du bâtiment un ceinturage à fond de fouille dans les tranchées des fondations par exemple.

• en tranchées horizontales

Les conducteurs sont alors enterrés à environ 1 mètre de profondeur ; on veillera à ne pas remplir la tranchée avec des cailloux ou du mâchefer mais plutôt avec de la terre, afin d'améliorer la conductivité du terrain.

Les piquets verticaux
La profondeur d'enterrement du piquet doit être d'au moins 2 mètres afin de limiter l'augmentation de la résistance de la prise de terre dans le cas de gel ou de sécheresse du terrain.
La résistance de la prise de terre peut être améliorée en reliant plusieurs piquets en parallèle, distants entre eux d'au moins leur longueur.

Dans le cas de prises de terre multiples, il est nécessaire de les relier entre elles par un conducteur de section 16 mm^2 en cuivre isolé ou 25 mm^2 en cuivre nu, afin d'éviter que deux masses simultanément accessibles soient reliées à des systèmes de terre différents.

Circuit de mise à la terre

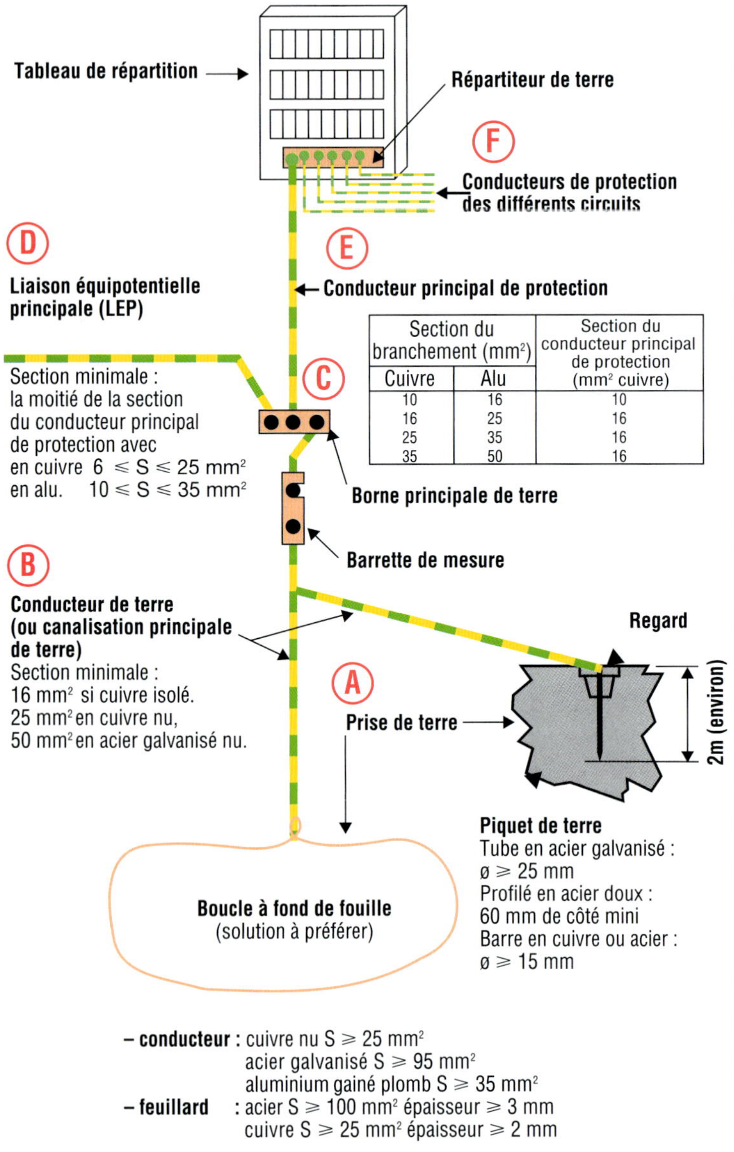

Section du branchement (mm^2)		Section du conducteur principal de protection (mm^2 cuivre)
Cuivre	Alu	
10	16	10
16	25	16
25	35	16
35	50	16

Fig. 10

Le conducteur de terre

Le conducteur de terre ou canalisation principale de terre relie la prise de terre à la borne principale de terre.

La borne principale de terre

La borne principale de terre assure la connexion entre le conducteur de terre, la liaison équipotentielle principale et le conducteur principal de protection. Le serrage de chacun des conducteurs doit être distinct.

Elle permet, afin d'en effectuer la mesure de résistance, de déconnecter la prise de terre de l'ensemble de l'installation. Elle doit être facilement accessible et à l'abri des chocs.

Les liaisons équipotentielles

Une liaison équipotentielle a pour but de limiter les différences de potentiel pouvant apparaître en cas de défaut entre des éléments conducteurs du bâtiment et d'éviter la propagation de potentiel venant de l'extérieur.

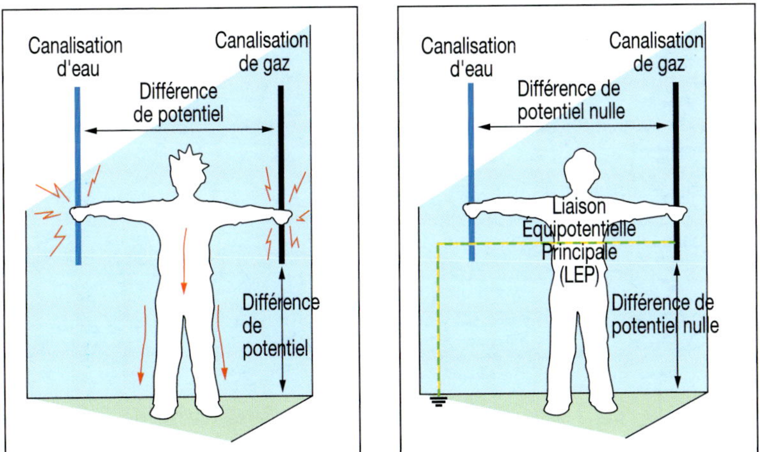

Situation dangereuse si un défaut d'isolement met les 2 canalisations à des potentiels différents, ou une canalisation à un potentiel différent de celui de la terre.

La liaison équipotentielle annule toute différence de potentiel.

Fig. 11

On distingue deux liaisons équipotentielles :

<u>une liaison équipotentielle principale</u> qui concerne le bâtiment et relie entre eux les éléments suivants :

- la borne principale de terre,
- toutes les canalisations métalliques d'alimentation en eau, gaz, chauffage central...

Lorsqu'elles proviennent de l'extérieur du bâtiment, elles doivent être reliées à leur pénétration dans le bâtiment ou, en cas de canalisations isolantes ou de joints isolants, au début des parties métalliques éventuelles des canalisations.

une liaison équipotentielle locale dans chaque salle d'eau (voir Liaison équipotentielle locale, page 64).

Le conducteur principal de protection
Il relie la borne de terre à la barre de terre du tableau de répartition.

Les conducteurs de protection des circuits

- Chaque canalisation doit comporter un conducteur de protection (terre), même si elle est destinée à alimenter un appareil de classe II.
- Les conducteurs de protection (terre) doivent avoir une section égale à celle des conducteurs actifs.
  Si le conducteur de protection est commun à plusieurs circuits, sa section doit être égale à la plus grande section des conducteurs actifs.

Logement en immeuble collectif

Dans ce cas, l'installation de mise à la terre du logement comprend uniquement :

- la liaison équipotentielle de salle d'eau ;
- les conducteurs de protection des circuits ;
- la dérivation individuelle de terre qui relie la barre de terre du tableau de répartition au conducteur principal de protection collectif.

Le reste de l'installation de mise à la terre est traité dans le guide Promotelec « Immeubles collectifs d'habitation - Installations électriques des parties communes et des services généraux ».

En cas de rénovation totale d'un logement situé dans un immeuble dépourvu de mise à la terre et dans l'attente de sa réalisation, une liaison équipotentielle supplémentaire doit être réalisée dans la cuisine en respectant les mêmes règles que celles définies pour la salle d'eau (voir pages 64 et 65).

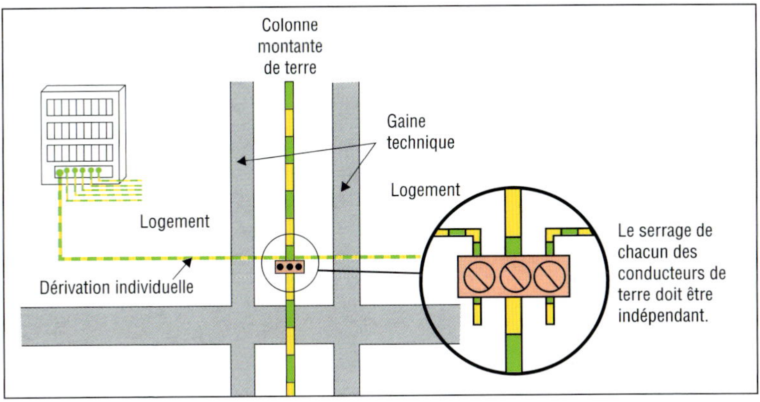

Fig.12

Dispositifs différentiels à haute sensibilité (DRHS) 30 mA

L'emploi de dispositifs différentiels à haute sensibilité 30 mA est une mesure de protection complémentaire, en cas de défaillance des autres mesures de protection contre les contacts directs ou en cas d'imprudence des usagers.

La norme NF C 15-100 fait obligation de protéger par des dispositifs différentiels à haute sensibilité (30 mA) l'ensemble de l'installation électrique.

Choix de l'appareil différentiel : interrupteur ou disjoncteur ?

- L'interrupteur différentiel remplit deux fonctions :
  - une fonction manuelle de commande (mise en ou hors service de la partie d'installation à l'origine de laquelle il est placé) ;
  - une fonction automatique de protection des personnes.

- Le disjoncteur différentiel remplit, en plus des fonctions de l'interrupteur, celle de protection des canalisations contre les surcharges et les courts-circuits.

Détermination du courant assigné

Le courant assigné d'un dispositif différentiel doit être au moins égal au courant d'emploi du circuit dans lequel il est installé.

Du fait que l'interrupteur différentiel n'est pas autoprotégé contre les surintensités, le nombre et le courant assigné des interrupteurs différentiels 30 mA sont au minimum ceux indiqués dans le tableau 7 :

Surface habitable (branchement monophasé) de puissance ≤ 18 kVA)	Nombre, type et courant assigné minimal I_n des interrupteurs différentiels
Surface ≤ 35 m²	1 x 25 A type AC(1) et 1 x 40 A type A(2)
35 m² < Surface ≤ 100 m²	2 x 40 A type AC(1) et 1 x 40 A type A(2)
Surface >100 m²	3 x 40 A type AC(1)(3) et 1 x 40 type A(2)

Tableau 7

(1) Peut être également de type A. Il assure toutes les fonctions du type AC et peut donc le remplacer avantageusement.

(2) Le type A doit protéger notamment les circuits spécialisés de la plaque de cuisson ou de la cuisinière et du lave-linge. Le choix du type A pour la protection de ces circuits trouve son origine dans la technologie des matériels qu'ils alimentent. Effectivement, en cas de défaut, ils peuvent produire des courants comportant des composantes continues. Ces appareils de type A sont conçus pour détecter ces courants. En conséquence, ils assurent la protection contre les défauts sur ces matériels.

(3) Un des interrupteurs différentiels 40 A doit être remplacé par un interrupteur différentiel 63 A lorsque la puissance de chauffage électrique est > 8 kVA.

***Nota :** on veillera à répartir les circuits de manière à équilibrer les charges*

Au cas où des disjoncteurs différentiels sont choisis en lieu et place des interrupteurs différentiels, leur type et nombre sont au minimum ceux indiqués dans le tableau 7, leur calibre étant adapté au(x) circuit(s) à protéger.

Sélectivité de la protection différentielle

Pour plus de confort d'utilisation, il est recommandé d'installer d'autres dispositifs différentiels 30 mA, notamment lorsque les matériels d'utilisation peuvent être la cause de déclenchements intempestifs dus à l'eau. Il est recommandé de protéger par des dispositifs différentiels < 30 mA dédiés, par exemple, les circuits alimentant le lave-linge, le lave-vaisselle, etc.

En outre, les circuits alimentant des appareils situés à l'extérieur et non attenants au bâtiment doivent être protégés par un dispositif différentiel 30 mA spécifique.

***Nota :** Les disjoncteurs de branchement ainsi que les interrupteurs et disjoncteurs différentiels sont équipés d'un bouton test ; celui-ci doit être manœuvré chaque mois pour vérifier le bon fonctionnement de la fonction différentielle.*

Protection contre les surintensités (surcharges et courts-circuits) et sectionnement

- Tout circuit doit comporter à son origine, sur la phase, un dispositif de protection contre les surintensités par petits disjoncteurs divisionnaires ou coupe-circuit à cartouche fusible.
- Le conducteur neutre de chacun des circuits doit pouvoir être sectionné. En pratique, pour faciliter et simplifier l'installation, cette fonction de sectionnement est assurée par les appareils de protection à coupure phase + neutre couramment utilisés.
- En outre, dans le cas d'un chauffage avec fil pilote, ce dernier doit pouvoir être sectionné :
  - soit par un dispositif associé au dispositif de protection contre les surintensités du circuit de chauffage concerné ;
  - soit par un dispositif de sectionnement associé à l'interrupteur général du chauffage ;
  - ou bien par un dispositif de sectionnement indépendant tel que le dispositif de protection contre les surintensités dédié à la gestion d'énergie.

  Lorsque le sectionnement du fil pilote est indépendant, un avertissement doit être disposé sur le tableau de répartition et sur la boîte de connexion des convecteurs.

Caractéristiques des disjoncteurs divisionnaires

- Les disjoncteurs divisionnaires à utiliser dans les locaux d'habitation sont généralement de type C.
- Les disjoncteurs divisionnaires phase + neutre assurent le sectionnement et également la commande (coupure et fermeture en charge, en service normal).

La protection par disjoncteurs divisionnaires permet en cas d'incident un repérage aisé du circuit concerné.

Caractéristiques des coupe-circuit à cartouche fusible domestique

- Le courant assigné, le nom du fabricant et le monogramme NF-USE doivent figurer sur chaque cartouche.

- Les porte-cartouche à coupure phase + neutre assurent le sectionnement de la phase et du neutre du circuit protégé mais n'assurent pas la commande (coupure et fermeture en charge, en service normal).
- Les porte-cartouche à témoin lumineux de fusion des cartouches facilitent le repérage de la cartouche à remplacer.
- Les cartouches fusibles domestiques sont calibrées et non rechargeables.

L'usage de cartouches fusibles avec indicateur de fusion est recommandé. Les coupe-circuit à cartouches fusibles nécessitent d'avoir en réserve au moins une cartouche pour chaque courant assigné.

Le tableau 8 indique le courant assigné maximal des dispositifs de protection contre les surintensités en fonction de la section des conducteurs, ainsi que le nombre maximal de points d'utilisation par circuit :

Courant assigné maximal des dispositifs de protection contre les surintensités

Nature du circuit	Nombre maximal de points d'utilisation par circuit	Section minimale des conducteurs (mm^2)	Courant assigné maximal du dispositif de protection (A)	
		cuivre	Fusible	disjoncteur
Éclairage [1] et prises de courant commandées	8[2]	1,5	10	16
Volets roulants	Selon le courant assigné du dispositif de protection	1,5	10	16
VMC	1	1,5	-	2[3]
Circuit d'asservissement tarifaire, fils pilotes, gestionnaire d'énergie, etc.	1 circuit par fonction	1,5	-	2
Prises de courant 16 A	5	1,5	-	16
	8	2,5	16	20
Circuit spécialisés avec prise de courant 16 A (lave-linge, sèche-linge, lave-vaisselle, four, congélateur, etc.)	1 par appareil	2,5	16	20
Chauffe-eau électrique à accumulation	1	2,5	16	20
Cuisinière, plaque de cuisson en monophasé	1	6	32	32
Cuisinière, plaque de cuisson en triphasé	1	2,5	16	20

Tableau 8

(1) Dans les logements de surface supérieure à 35 m², le nombre de circuits ne doit pas être inférieur à 2.
(2) Dans le cas de spots ou bandeaux lumineux, on compte un point d'éclairage pour 300 VA dans le même local.
(3) Le courant assigné peut être augmenté jusqu'à 16 A selon dispositions particulières du constructeur du produit.

Nota : Pour les circuits alimentant des tableaux de répartition divisionnaire, il convient de consulter le tableau 4 qui tient compte de la longueur du circuit (chute de tension).

Nature des circuits

- Un circuit est un ensemble de matériels électriques (conducteurs, appareillage) protégés contre les surintensités par le même disjoncteur ou le même fusible.
- Un circuit monophasé comporte deux conducteurs actifs : un conducteur de phase (Ph) et un conducteur neutre (N).
- Un circuit triphasé comporte quatre conducteurs actifs : trois conducteurs de phase et un conducteur neutre.
- Les circuits d'une installation électrique domestique sont spécialisés par fonction comme indiqué dans le tableau 8, page 30.

Décompte des points d'utilisation

- Un appareil d'éclairage comportant plusieurs lampes à incandescence ou à fluorescence ne constitue qu'un seul point d'utilisation.
- Les socles de prise de courant montés dans un même boîtier sont décomptés, sur le circuit, suivant le tableau 9.

Nombre de socles de prise de courant

Socles par boîtier	1	2	3	4	> 4
Socles décomptés	1	1	2	2	3

Tableau 9

- Les prises 16 A commandées par interrupteur et destinées à l'alimentation d'appareils d'éclairage mobiles sont considérées comme des points d'éclairage.
  Elles sont donc alimentées par les circuits d'éclairage de l'installation (1,5 mm²) et la protection contre les surintensités est assurée soit par des fusibles 10 A, soit par des disjoncteurs 16 A.
  Un interrupteur peut commander au plus deux socles de prise de courant sous réserve qu'ils soient dans le même local.

Équipement minimal

Pièces de l'habitation ou fonctions	Nombre de		Circuits spécialisés	
	foyers lumineux fixes	prises 16 A simples	Prise 16 A	Prise ou boîte 32 A
Séjour	1 (1)	au moins 5 (2) en périphérie		
Chambres	1 (1)	3		
Cuisine	1 (1)	6 (3)		1
Salle d'eau	1 (4)	1		
Entrée, dégagement	1 (4)	1		
WC	1 (4)			
Cellier	1 (4)	1		
Accès donnant sur l'extérieur	1 (à l'extérieur)			
Cave ou sous-sol de maison individuelle	1 (4)	1		
Lave-vaisselle, lave-linge, sèche-linge, four ou congélateur			3 (5)	
Gaine technique logement		2 (6)		

Tableau 10

(1) Ce point d'éclairage doit être placé en plafond. Il doit être équipé des éléments décrits en page 52.
(2) Au minimum un socle par tranche de 4 m², avec un minimum de 5.
(3) Quatre de ces prises doivent être réparties au-dessus du plan de travail, mais pas au-dessus de l'évier, ni des appareils de cuisson. Pour les cuisines de surface inférieure ou égale à 4 m², 3 prises suffisent.
(4) Ce point peut être placé soit au plafond, soit en applique. Il doit être équipé des éléments décrits en page 52.
(5) Il est recommandé de prévoir une prise spécialisée à proximité des arrivées et évacuations d'eau prévues pour le lave-vaisselle ; les autres prises spécialisées seront implantées en tenant compte des besoins de l'utilisateur.
(6) Circuit dédié pour alimenter des appareils de communication.

Protection contre les surtensions atmosphériques

- Les surtensions induites dans les lignes d'alimentation par effet électromagnétique au moment des orages sont mal acceptées par les matériels électriques et plus particulièrement ceux contenant des composants électroniques (ordinateurs, magnétoscopes, téléviseurs, variateurs de vitesse ou de lumière...).

- La protection contre les surtensions peut être assurée par des parafoudres conformes à la norme NF EN 61643-11 (NF C 61-740) et satisfaire aux dispositions suivantes :
  - si placé à l'origine de l'installation : de type 2 – courant nominal de décharge In $\geqslant$ 5 kA (onde 8/20) – $U_p \leqslant$ 2,5 kV ;
  - si placé à l'origine de l'installation mais le bâtiment est équipé d'un paratonnerre : de type 1 – courant de choc minimum I_{imp} de 12,5 kA - $U_p \leqslant$ 2,5 kV.

- Les liaisons de raccordement du parafoudre à l'installation à protéger ne doivent pas excéder 0,50 m (voir fig. 13).

Principe de raccordement

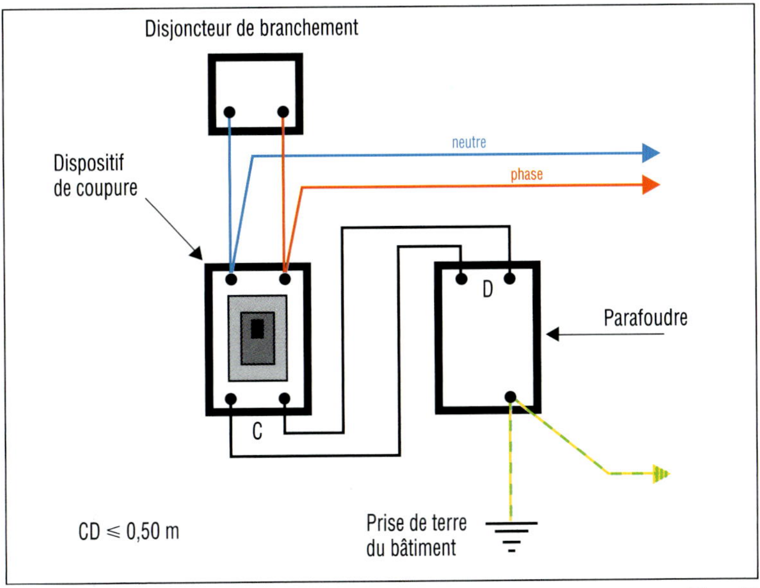

Fig. 13

Le tableau 11 précise les cas dans lequel le parafoudre est obligatoire (niveau kéraunique : nombre de jours/an où l'on entend le tonnerre).

Mode d'alimentation du bâtiment	**Niveau kéraunique (Nk)**	
	Nk ⩽ 25 (condition AQ1)	**Nk > 25 (condition AQ2)**
Bâtiment équipé d'un paratonnerre	obligatoire	obligatoire
Alimentation basse tension par une ligne entièrement ou partiellement aérienne (1)	non-obligatoire	obligatoire (2)
Alimentation basse tension par une ligne entièrement souterraine	non-obligatoire	non-obligatoire

Tableau 11

(1) Lorsque les lignes aériennes sont constituées de conducteurs isolés avec écrans métalliques reliés à la terre ou comportant un conducteur de terre relié à la terre, cette disposition n'est pas applicable.

(2) Toutefois, l'absence d'un parafoudre est autorisée si elle est justifiée par l'analyse de risque définie dans le guide UTE C 15-443.

Niveau kéraunique en France

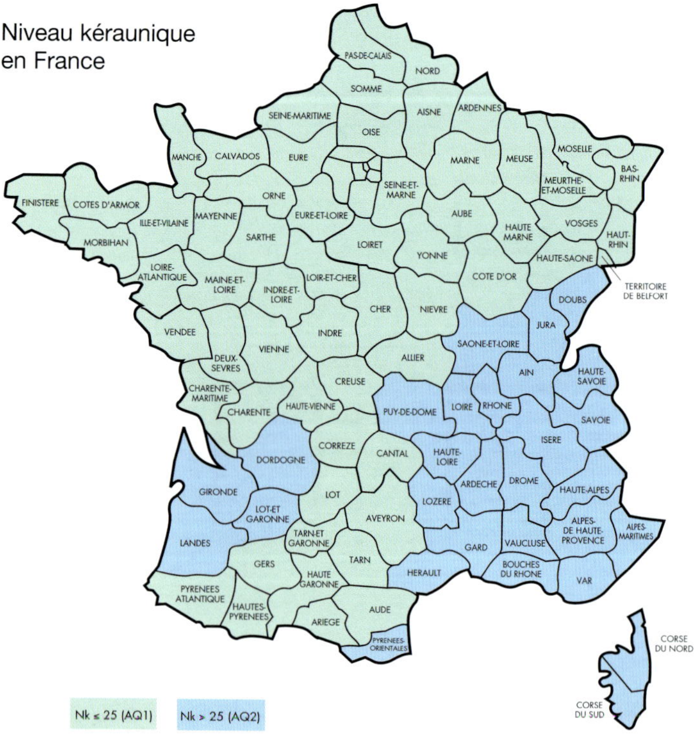

Nota : *pour plus d'information, on pourra se reporter au guide UTE C 15-443 ou au guide Promotelec "Protection contre la foudre".*

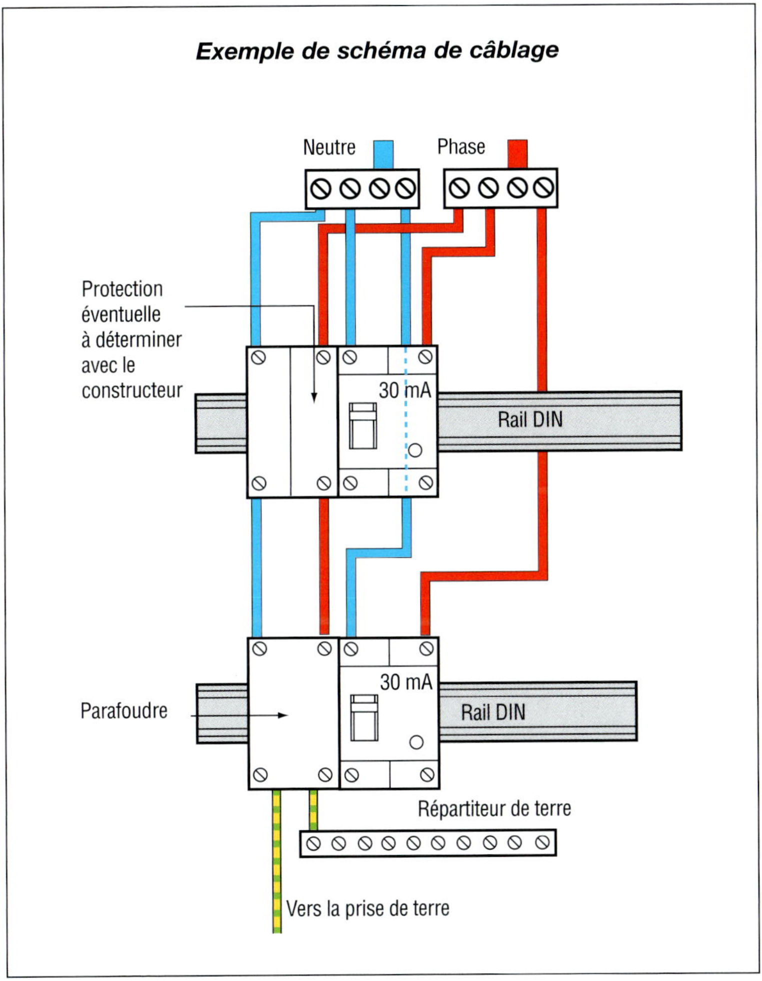

Fig. 14

Caractéristiques générales

- La canalisation de chaque circuit doit comporter au moins deux conducteurs actifs (phase et neutre) et un conducteur de protection (terre). Dans le cas d'alimentation d'un appareil par l'intermédiaire d'un transformateur de séparation ou de sécurité, le tronçon en aval du transformateur ne comporte jamais de conducteur de protection.
- Tous ces conducteurs doivent avoir la même section.
- Un conducteur neutre ne peut être commun à plusieurs circuits.

Nature des conducteurs

- Les conducteurs actifs doivent être isolés.
- Les plus couramment utilisés sont :
  - les conducteurs rigides H07 V-U ou H07 V-R, souples H07 V-K pour montage sous conduits, moulures ou plinthes ;
  - les câbles rigides FR-N 05 VV-U ou R, ou souples A05 VV-F ou H 07 RNF pour montage en apparent, dans les vides de construction, moulures, plinthes ou conduits.
- D'autre câbles peuvent être utilisés, tels que U 1000 R2V.

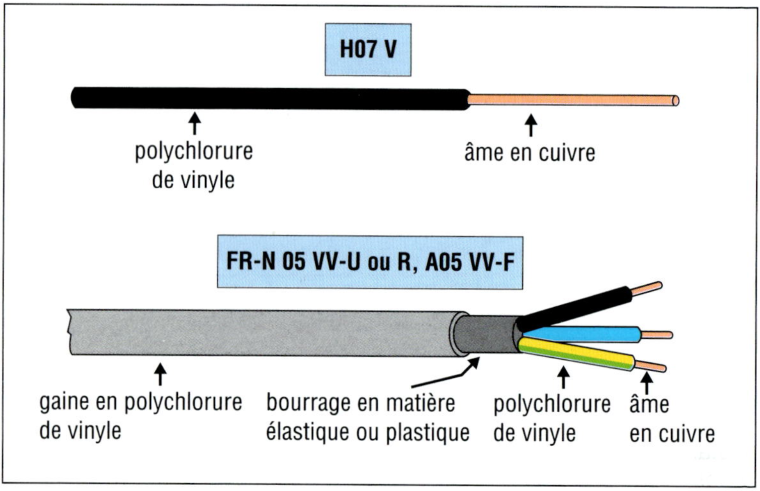

Fig. 15

Couleurs des conducteurs

- **Conducteurs (H07 V-U, R et K)**
  Phase : toutes couleurs sauf bleu clair, vert, jaune, bicolore vert et jaune,
  Neutre : bleu clair,
  Protection : bicolore vert et jaune.

- **Câbles multiconducteurs (FR-N 05 VV-U et R, A05 VV-F)**
  Phase : noir ou brun,
  Neutre : bleu clair,
  Protection : bicolore vert et jaune.

Choix du matériel

Il doit comporter de préférence les marque HAR ou NF-USE garantissant par tierce partie le respect des normes correspondant aux produits.

Modes de pose

Tableau récapitulatif des modes de pose

Mode de pose			Canalisations autorisées
En moulures ou plinthes	page 38	profilés plastiques	Conducteurs ou câbles
Sous conduits	page 40	en apparent sur une paroi	Conducteurs ou câbles
		encastré dans une paroi	Conducteurs ou câbles
En vides de construction	page 48		Conducteurs sous conduits ou câbles
En enterré	page 48		Câbles sous conduits
Fixation directe sur une paroi	page 50		Câbles
Cas particuliers :			
Vides sanitaires	page 50		Conducteurs sous conduits ou câbles
Huisseries métalliques	page 50		Conducteurs sous conduits ou câbles
Traversées de parois	page 50		Conducteurs ou câbles, sous conduits

Tableau 12

L'installation électrique peut être réalisée à l'aide des principaux modes de pose suivants :

- sous moulures ou plinthes ;
  Le ceinturage des pièces par des moulures et plinthes permet d'adapter l'installation aux besoins en offrant la possibilité de la modifier et d'ajouter des socles de prise de courant sans travaux coûteux. De ce fait, ce mode de pose limite l'utilisation de fiches multiples et de prolongateurs qui peut être dangereuse sur le plan de la sécurité. Une telle disposition n'exclut pas la pose en montage encastré pour l'alimentation depuis le tableau de répartition, ni pour certains circuits (éclairage...) ;
- sous conduits ;
- en vide de construction ;
- en enterré ;
- par fixation directe sur une paroi.

Pose sous moulures ou plinthes

Types de moulures et plinthes

Le ceinturage peut être réalisé par :

- un système de profilés (moulures, plinthes) en matière plastique.

  Le système comprend le profilé (socle et couvercle) et les accessoires permettant de réaliser les fonctions de jonction, dérivation, changement de direction, arrêt en bout, installation d'appareillage, en assurant une bonne continuité de la protection mécanique des canalisations tout au long de leur parcours.

  Les moulures et plinthes en plastique de dimensions inférieures ou égales à 120 x 15 mm sont visées par la norme NF C 68-104 et doivent être mis en œuvre avec leurs accessoires pour assurer la continuité du degré de protection IP.

  Les autres profilés sont visés par la norme NF C 68-102.

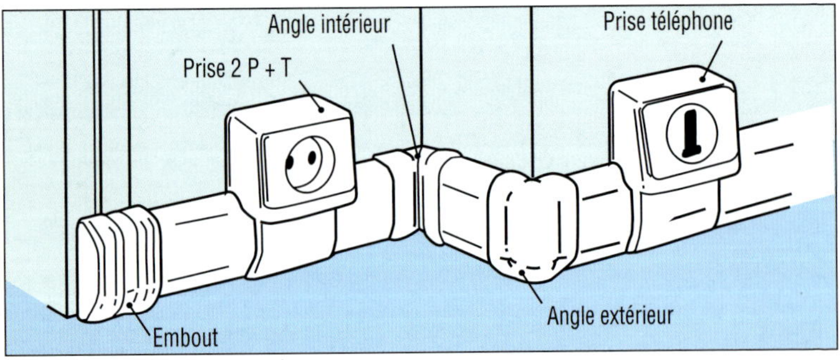

Fig. 16

- des plinthes, moulures, chambranles rainurés, en bois.

  Les moulures, chambranles et plinthes rainurés en bois doivent être conformes à la norme NF C 68-091. Elles ne sont autorisées qu'en rénovation dans les monuments historiques.

Règles de pose

- Dans le cas de goulottes posées en plinthe, le conducteur situé le plus bas doit être à une distance minimale de 1,5 cm au-dessus du sol fini.

- Les moulures ne doivent pas être noyées dans la maçonnerie, le couvercle devant toujours rester apparent et facilement accessible.

- Il n'est pas admis de poser des moulures à moins de 6,5 cm de l'intérieur d'un conduit de fumée.

- Le passage des portes peut être assuré :
  - soit en huisseries ou chambranles rainurés ;
  - soit en dessous des seuils par un conduit étanche remontant de part et d'autre du seuil à une hauteur minimale de 5 cm au-dessus du sol fini (solution à déconseiller dans les locaux où il pourrait y avoir introduction et stagnation d'eau dans le conduit).

- Les conducteurs isolés ne sont admis que si le couvercle nécessite l'emploi d'un outil pour être retiré et si la goulotte possède le degré de protection IP4x ou IPxxD ; c'est le cas des moulures et plinthes conformes à la norme NF C 68-104.

- Les conducteurs de l'installation électrique doivent être posés dans des compartiments différents de ceux utilisés pour le téléphone, la télévision...

Conditions d'emploi suivant les locaux

Moulures, plinthes, chambranles rainurés	Séjour, chambre, entrée, WC, grenier, cuisine (IPx0)	Salle d'eau, sous-sol, buanderie (IP ≥ x1)
Plastique	autorisé	autorisé (1)
Bois	interdit (2)	interdit (2)

Tableau 13

(1) Sous réserve d'un indice IP au moins égal à l'indice requis pour le local ou l'emplacement envisagé. Les profilés actuellement commercialisés en France et admis à la marque NF sur la base de la norme NF C 68-104 ont un indice de protection IPx0 ; en conséquence pour assurer un indice IP supérieur, utilisez un câble.

(2) Admis seulement comme protection mécanique d'un conducteur de protection (terre) ou de liaison équipotentielle n'empruntant pas la même canalisation que les conducteurs d'alimentation, ou comme support d'un câble.

Règles particulières pour moulures et plinthes en plastique

- Elles doivent être mises en œuvre avec leurs accessoires (jonction, arrêt en bout...) afin d'assurer une continuité de la protection des canalisations électriques.
- Les connexions sont admises dans les goulottes, moulures et plinthes en plastique IP2x ou IPxxB dont l'ouverture du couvercle nécessite une action manuelle importante ou l'usage d'un outil.
- Les conducteurs ou câbles doivent se loger librement dans les alvéoles.
- Les socles de prise de courant 16 A sont admis sur la paroi des plinthes sans boîte d'encastrement.
- Plusieurs circuits peuvent être installés dans un même compartiment si tous les conducteurs sont isolés pour la tension assignée présente la plus élevée.

Il est recommandé de prévoir des plinthes et moulures en plastique à plusieurs compartiments et largement dimensionnées pour pouvoir y rajouter les canalisations nécessitées par les besoins futurs.

Pose sous conduits

Les systèmes de conduits peuvent être posés en apparent, en encastré ou dans les vides de construction.

Types de systèmes de conduits

Les systèmes de conduits comportent :
- des conduits ;
- des accessoires (jonctions, raccordements, terminaisons, changements de direction).

Les systèmes de conduits respectant la norme NF EN 50086-1 (C 68-110) assurent des degrés de protection homogènes tout le long des conduits y compris les accessoires.
Les conduits doivent être mis en œuvre avec les accessoires.
Les conduits couramment utilisés sont les suivants :

conduits	ancienne désignation	nouvelle désignation (1)
 Conduit isolant flexible cintrable et déformable (orange).	ICD-6	ICTL-3421
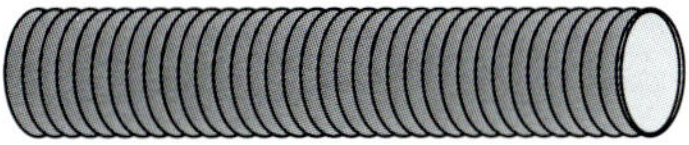 Conduit isolant flexible cintrable et déformable (existe aussi en orange).	ICT-6	ICTA-3422
 Tube isolant rigide ordinaire (gris).	IRO-5	IRL-3321
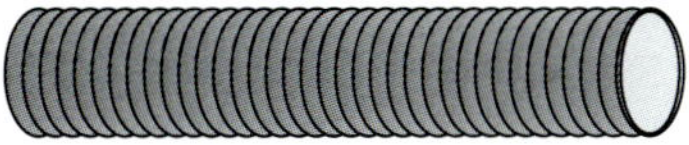 Tube isolant flexible cintrable ordinaire (gris).	ICO-5	ICA-3321

Fig. 17

Les chiffres indiquent la classification des systèmes de conduits relative à la résistance à la compression, la résistance aux chocs, la température minimale d'utilisation et la température maximale d'utilisation.

(1) Les lettres ont la signification suivante :

1ere lettre	2e (et 3e lettre si 4 lettres)	dernière lettre
I = isolant M = métallique C = composite	R = rigide C = cintrable T = transversalement élastique S = souple	A = annelé L = lisse

Raccordement des conduits

La protection des conducteurs doit être assurée mécaniquement sans discontinuité.
Le raccordement des conduits entre eux s'effectue à l'aide d'accessoires de raccordement. Dans le cas où les conduits sont encastrés, les accessoires doivent assurer l'étanchéité pendant le temps de prise du ciment ou du plâtre.

Règles de passage des conducteurs

Un conduit peut contenir des conducteurs appartenant à des circuits différents si tous les conducteurs sont isolés pour la tension assignée présente la plus élevée.

Rayons de courbure minimaux (en mm) des conduits

Diamètre extérieur (mm)	Types de conduits		
	ICTL	ICA ICTA	IRL
16	96	48	48
20	120	60	60
25	150	75	75
32	192	96	
40	300	160	
50	480	200	
63	600	252	

Tableau 14

- On doit pouvoir tirer et retirer facilement les conducteurs ou câbles après la pose des conduits et de leurs accessoires. Dans le cas de conducteurs, cette règle est respectée si la section d'occupation des conducteurs (isolants compris) est au plus égale au 1/3 de la section du conduit.

  Il est recommandé d'appliquer cette règle aux câbles.

  Ceci ne s'applique pas à de courtes longueurs en parcours rectiligne (fourreau et traversée de parois).

Sections intérieures utilisables

Référence (diamètre extérieur en mm)	Section utilisable (mm^2) (1/3 section intérieure réelle)	
	IRL	ICTL, ICTA, ICA
16	44	30
20	75	52
25	120	88
32	202	155
40	328	255
50	514	410
63	860	724

Tableau 15

- Le choix du conduit à utiliser en fonction du nombre et de la section des conducteurs peut être effectué par calcul :
  - le tableau 15 indique les sections intérieures utilisables (1/3 de la section réelle) des conduits usuels ;
  - le tableau 16 précise les sections des conducteurs, isolant compris.

Section des conducteurs et câbles (3 conducteurs)

Section de l'âme en cuivre (mm^2)		1,5	2,5	4	6	10	16	25
Section totale (mm^2) isolant compris	H07V-U ou R	8,55	11,9	15,2	22,9	36,3	50,3	75,4
	H07V-K	9,6	13,85	18,1	31,2	45,4	60,8	95
	FRN 05 VV-U	86,6	113,1	132,8				
	A 05 VV-F	75,4	113,1					

Tableau 16

<u>*Exemple de calcul*</u>

Passage dans un conduit de 2 circuits en conducteurs H07 V-U.

1 circuit 3 x 1,5 mm^2 section totale 3 x 8,55 = 25,65 mm^2

1 circuit 3 x 2,5 mm^2 section totale 3 x 11,90 = 35,70 mm^2

soit au total = 61,35 mm^2

Conduits utilisables : IRL (20), ICA (25), ICTA (25), ICTL (25).

Pose en montage apparent

- Les conduits oranges ICTA et ICTL (propagateur de la flamme) sont interdits.
- Les conduits doivent être fixés à l'aide de pattes, colliers, étriers appropriés qui ne les déforment pas.

Une fixation est nécessaire de part et d'autre de tout accessoire et de tout changement de direction.
Les distances de fixation suivantes sont recommandées :
IRL : 0,80 m
ICA, ICTL, ICTA : 0,60 m

Pose en montage encastré

- L'encastrement par saignées est interdit dans les planchers.
- Les conduits ICTL et ICTA, de couleur orange, doivent être complètement enrobés dans des matériaux incombustibles. Aux extrémités des parcours encastrés, ces conduits peuvent être apparents sur une longueur au plus égale à 11 cm, sauf dans les locaux à risques d'incendie (BE2) ou d'explosion (BE3).
- Toute canalisation doit être terminée par une boîte de connexion.
- Il est interdit d'exécuter des encastrements dans les parois des conduits de fumée ou dans les cloisons de doublage de ces parois.
- L'emploi des coudes d'équerre et des tés est interdit.

Règles générales d'encastrement

Le tableau ci-dessous ne considère pas tous les cas possibles mais se limite aux parois les plus fréquemment rencontrées dans la construction de logements. Pour les cas non traités dans ce tableau on pourra se reporter au guide UTE C 15-520.

Nature des matériaux	Épaisseur de la paroi finie (mm)	Pose dans une réservation préparée à la construction de la cloison (tout conduit)	Pose dans une saignée faite après construction de la cloison (tout conduit)
Murs porteurs			
Pierre de taille, moellons divers	quelconque	(1)	OUI
Béton armé, béton banché	quelconque	OUI	(1)
Cloisons non porteuses			
Briques creuses à 2 ou 3 alvéoles	110 < e ≤ 140	NON	OUI
Briques creuses 2 alvéoles	65 < e ≤ 100	NON	OUI(2)
Briques creuses 1 alvéole	e > 50	NON	OUI(2)
Briques creuses 1 alvéole	e ≤ 50	NON	OUI(3)
Blocs creux en béton	70 < e ≤ 150	NON	OUI(2)
Blocs pleins en béton	e ≤100	NON	OUI(2)
Carreaux pleins de plâtre à parements lisses	quelconque	NON	OUI(2)
Carreaux alvéolés de plâtre à parements lisses	quelconque	NON	OUI(2)
Cloisons composites			
Comportant un vide de construction	quelconque	OUI(4)	
Planchers			
Dalles pleines en béton	quelconque	(1)	NON
Béton nervuré	quelconque	(1)	NON
Béton nervuré avec hourdis	quelconque	(1)	NON
Planchers préfabriqués	quelconque	OUI	NON
Planchers chauffants	quelconque	(1)	NON
Chapes	quelconque	NON	NON
Conduits de fumée et gaines de ventilation	quelconque	NON	NON

Tableau 17

(1) Pose autorisée mais difficilement réalisable dans la pratique ou irréaliste.

(2) Voir paragraphe « Règles particulières applicables aux cloisons non porteuses d'épaisseur finie inférieure ou égale à 100 mm » page 46.

(3) En parcours vertical seulement et interdit au droit des huisseries.

(4) Voir paragraphe «Pose en vide de construction» page 48.

Règles particulières pour les cloisons non porteuses, d'épaisseur finie inférieure ou égale à 100 mm (encastrement après réalisation de la cloison).

L'encastrement en tracé oblique n'est pas admis.
Les conduits ne doivent pas comporter de raccords sur leur parcours encastré, à l'exception de ceux nécessaires à la jonction avec les planchers (changement de type de conduit, etc.).
Les saignées d'encastrement sont pratiquées en suivant l'alignement des alvéoles des éléments constitutifs de la cloison, s'ils en comportent, et ne doivent alors intéresser qu'une alvéole.
Les dimensions de la saignée doivent être limitées à celle du conduit à encastrer, compte tenu du jeu nécessaire pour assurer un rebouchage aisé : le recouvrement du conduit après rebouchage doit être d'au moins 4 mm.

Saignées horizontales
Elles ne doivent intéresser qu'une seule face de la cloison. L'encastrement ne peut être exécuté que sur une longueur de 0,50 m de part et d'autre de l'intersection de deux cloisons ou d'une cloison et d'un mur.
Elles sont interdites au-dessus des baies.

Saignées verticales
Elles ne peuvent être effectuées que sur :
- 0,80 m à partir du plafond,
- 1,20 m à partir du sol fini.

La distance ci-dessus de 0,80 m peut être portée au tiers de la hauteur de la cloison s'il n'est réalisé dans celle-ci qu'un seul encastrement.
La distance entre deux saignées doit être d'au moins 1,50 m, que ces saignées soient pratiquées sur l'une ou l'autre face de la cloison.
Elles ne doivent être exécutées qu'à une distance minimale de 0,20 m de l'intersection de deux parois.

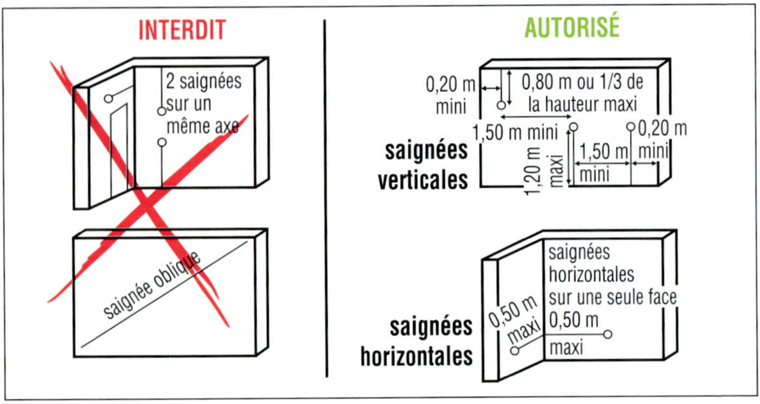

Fig. 18

Diamètre maximal des conduits pouvant être encastrés dans les cloisons non porteuses (épaisseur finie ≤100 mm)

Matériau constitutif de la cloison	Épaisseur de la cloison terminée enduit compris (mm)	Profondeur de la saignée possible (mm)	Diamètre maximal du conduit (mm)
Briques creuses enduites : de 35	50	1 alvéole	16
de 50	70	1 alvéole	20
de 80	100	1 alvéole	20
Briques pleines ou perforées enduites : de 55	70	18	16
Blocs pleins en béton enduits : de 75	90	18	16
Blocs creux en béton enduits : de 75	90	18	16
Carreaux plâtre à parements lisses pleins ou creux : de 60	60	20	16
de 70	70	20	16
de 80	80	20	16
de 100	100	25	20

Tableau 18

Canalisations en contact avec des matériaux thermiquement isolants

La mise en œuvre des canalisations, très délicate dans ce cas, ne doit pas détériorer l'isolation thermique, ni réduire d'une manière trop importante la qualité thermique du bâtiment afin de n'engendrer ni condensations, ni moisissures.

- *Choix des canalisations*

  Les conducteurs et les câbles doivent être placés dans des systèmes de conduits possédant la qualité de non-propagation de la flamme. Les systèmes de conduits ICTA et ICTL de couleur orange ne sont donc pas admis.

  La présence de systèmes de conduits permet le réaiguillage sans endommager l'isolation thermique du bâtiment.

- *Mise en œuvre dans les parois*

  Lorsqu'une lame d'air présente une épaisseur suffisante entre la paroi et le matériau d'isolation thermique, la pose de canalisation électrique y est autorisée.

Dans le cas contraire, le logement d'une canalisation est ménagé dans l'isolant par découpe ; la découpe doit, dans ce cas, être limitée au plus juste avec une tolérance en plus de 5 mm par rapport aux dimensions des canalisations utilisées, et ne pas excéder la moitié de l'épaisseur de l'isolant.
Cette découpe est effectuée de préférence au fil chaud pour les polystyrènes et les polyuréthanes.
Dans le cas de fibre minérale, cette découpe n'est généralement pas nécessaire car la fibre minérale accepte le plus souvent une certaine compression locale.

- *Traversée des isolants*
  Lorsque des canalisations traversent des isolants, il y a lieu de rétablir la continuité de l'isolant et de l'éventuel pare-vapeur, autour de la traversée.
  Si cette traversée débouche à l'extérieur, dans le cas d'une isolation thermique extérieure du type enduit mince sur isolant, l'espace annulaire autour du conduit doit être rendu étanche, afin de ne pas laisser entrer d'eau dans l'isolant.

Pose en vide de construction

- Par vide de construction, on entend tout espace existant dans les parois des bâtiments (murs, cloisons, plancher, plafond, etc.) et accessible seulement à certains emplacements [1].
  L'espace créé par le collage d'un panneau isolant sur un mur porteur n'est pas considéré comme un vide de construction.
- Les canalisations posées dans les vides de construction peuvent être constituées :
  - soit par des conducteurs H07 V-U, R ou K, dans un système de conduits non-propagateur de la flamme (ICTL et ICTA de couleur orange interdits),
  - soit par des câbles FR-N 05 VV-U ou R et A05 VV-F ou U1000R2V posés directement ou dans un système de conduits.
- Les conduits doivent pouvoir pénétrer librement.
- La section totale des câbles doit être inférieure au quart de la section du vide utilisé.

Pose en enterré

- Le passage de canalisations en enterré peut être utilisé dans le cas, par exemple, d'alimentation de bâtiments annexes ou d'appareils d'éclairage extérieur ou lorsque le disjoncteur de branchement est installé en limite de propriété (voir en annexe - Type de branchement situé en limite de propriété page 103).

(1) Les alvéoles des cloisons composites carton plâtre qui peuvent être perforées pour passer des conduits ou des câbles sont assimilées à des vides de construction.

- Elle doit être réalisée comme indiqué ci-après, avec un câble :
  - soit U 1000 R2V ou FRN 05 VV-U posé dans un conduit (fourreau) normalisé de type TPC ;
  - soit U 1000 RGPFV ou U 1000 RVFV posé en pleine terre dans les terrains inondables.

  Lorsqu'un conduit de diamètre inférieur à 40 mm doit être utilisé, des systèmes de conduits de type ICTA et ICTL peuvent être utilisés pour assurer la protection requise. Ceci n'autorise pas la pose de conduits comportant des parties métalliques.

- Les conducteurs sous conduit sont interdits.

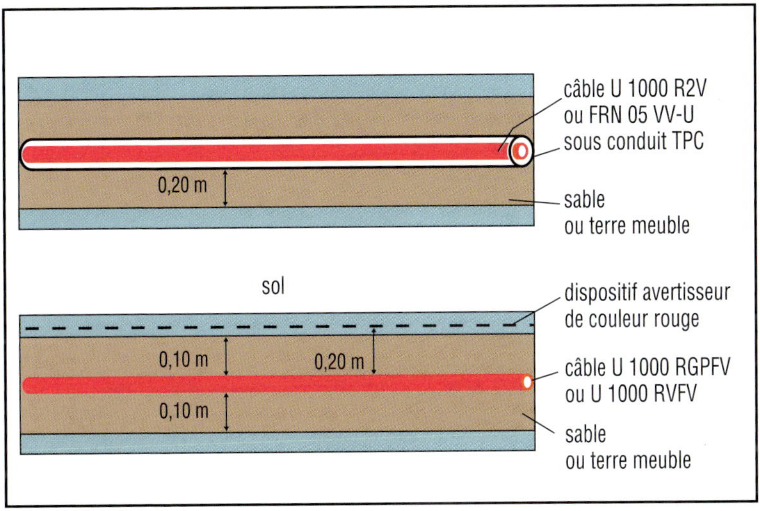

Fig. 19

Profondeur

Pour parer aux effets de tassement des terres, les canalisations doivent être enterrées au moins à :
- 0,50 m pour les aires non-accessibles aux voitures,
- 0,85 m pour les aires accessibles aux voitures et sous les trottoirs.

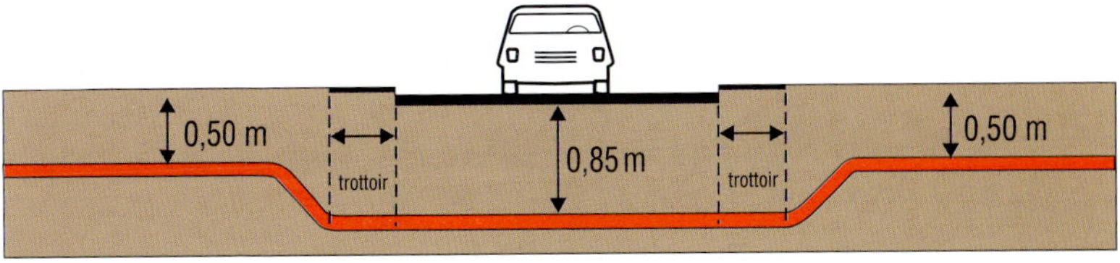

Fig. 20

Côtoiement ou croisement avec une autre canalisation

Si une canalisation électrique (câble sans conduit ou câble sous conduit) côtoie ou croise une autre canalisation (électricité, eau, gaz), elles doivent être distantes d'au moins 0,20 m.

Fixation directe sur une paroi

Seuls les câbles sont autorisés en fixation directe sur une paroi sans protection complémentaire (conduit, moulure, plinthe).

Les câbles FR-N 05 VV-U, R et A05 VV-F sont les plus couramment utilisés, ainsi que le câble U 1000 R2V.

Les câbles doivent être fixés à la paroi par des dispositifs appropriés ne les détériorant pas et distants entre eux d'au plus 40 cm.

En cas de croisement avec des canalisations non électriques (eau, gaz, autre fluide...), il est recommandé de les séparer par une distance d'au moins 3 cm.

Le rayon de courbure doit être d'au moins 6 fois le diamètre extérieur du câble pour les câbles non armés et 8 fois le diamètre extérieur pour les câbles armés.

Cas particuliers

Vides sanitaires

Les canalisations doivent être constituées de câbles (FR-N 05 VV-U, R, U1000R2V...) ou de conducteurs sous conduit non-propagateur de la flamme.

Si ces vides sont accessibles, les boîtes de connexions y sont admises.

Huisseries métalliques

Les huisseries métalliques peuvent contenir des conducteurs sous conduit isolant non propagateur de la flamme.

Dans les huisseries métalliques fermées longitudinalement, les câbles sont également autorisés.

Traversée de parois

Les canalisations doivent être protégées par un conduit.

Dans les traversées de planchers, la protection de la canalisation au ras du sol fini doit être assurée contre les dégradations mécaniques et l'écoulement des liquides pouvant être répandus sur le sol fini.

Connexions

Règles générales

- Les connexions des conducteurs doivent être réalisées exclusivement :
  - soit par des dispositifs de connexion appropriés tels que barrettes de connexion, répartiteurs, blocs de jonction...
  - soit sur les bornes de l'appareillage.

- Les dispositifs de connexion sont disposés :
  - soit dans des boîtes de connexion ;
  - soit dans les boîtes d'encastrement de l'appareillage lorsque les dimensions de celles-ci le permettent ;
  - soit dans des profilés (moulures, plinthes...) lorsque les dimensions intérieures le permettent.

- Les épissures sont interdites.

Dans le cas de conducteurs ou de câbles souples, il est recommandé d'effectuer les connexions sur des embouts sertis.

Connexion des conducteurs de protection

Les connexions de chacun des conducteurs de protection sur le conducteur principal de protection, par exemple sur une barre de terre doivent être réalisées individuellement, de manière à ce que si l'un d'eux vient à être séparé de ce conducteur principal, la liaison de tous les autres demeure assurée (voir fig. 3 page 15).

Repiquage

Le repiquage des conducteurs, c'est-à-dire la connexion sur les bornes d'un matériel des conducteurs servant à l'alimentation d'autres matériels, n'est autorisé que sur les prises de courant et sur les luminaires.

Boîtes de connexions et sorties de câbles

- Les couvercles des boîtes de connexion et d'encastrement doivent toujours rester accessibles et leur démontage ne doit pouvoir se faire qu'à l'aide d'un outil ou par une action manuelle importante.

- L'axe horizontal des sorties de câbles doit être situé à au moins 5 cm au-dessus du sol fini pour les boîtes jusqu'à 20 A et 12 cm pour les boîtes jusqu'à 32 A.

Il est recommandé de disposer, si possible, les sorties de câbles servant au raccordement de matériels fixes, derrière ceux-ci.

- Le système de fixation des boîtes doit être adapté à la paroi dans laquelle elles sont encastrées et leur maintien en place doit être assuré lorsqu'elles sont utilisées pour la fixation d'un matériel d'utilisation (luminaire par exemple).
- Toute canalisation encastrée doit être terminée par une boîte de connexion.

  Par encastrement, on entend une incorporation totale ou partielle dans la construction ou la pose dans des vides tels que hourdis, cloisons composites, etc.

  Une boîte de connexion destinée à alimenter un foyer lumineux doit être équipée d'un socle DCL (dispositif de connexion de luminaire). Dans le cas où l'installation n'est pas livrée avec les luminaires définitifs, l'installateur devra y raccorder une douille DCL, équipée d'une fiche récupérable permettant le raccordement des luminaires des futurs occupants.

  Si cette boîte est fixée dans un plafond, elle doit être conçue pour la suspension des luminaires ; le moyen de suspension et sa fixation dans le plafond doivent pouvoir assurer sans danger la suspension d'une charge d'un minimum de 25 kg (voir figure 21).

  La tenue d'une charge de 25 kg par le moyen de suspension de la boîte en plafond implique une fixation de la boîte à la structure du bâtiment.

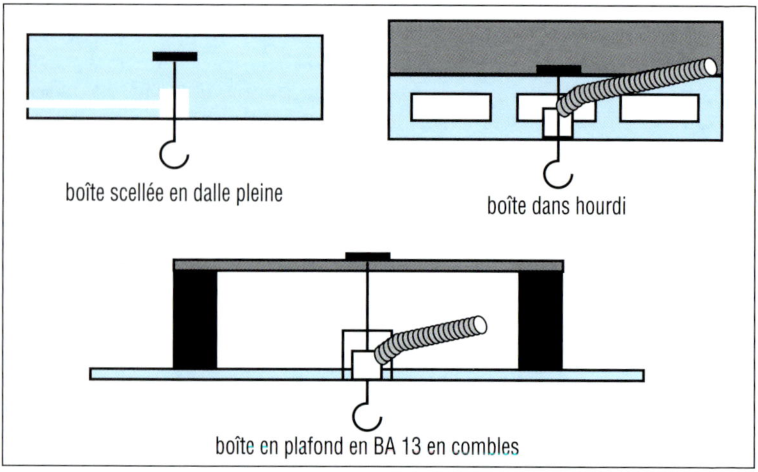

Fig. 21

Il est nécessaire de mettre en œuvre des boîtes d'appareillage (socles de prise de courant, interrupteurs...) fixées par vis et non par griffes.

Il y a lieu de laisser une longueur suffisante de conducteurs, en particulier pour l'appareillage encastré, en vue de permettre l'accès aux bornes.

Pose en saillie

- Si la canalisation est posée sous moulure plastique (NF C 68-102), celle-ci doit être jointive avec le matériel afin d'obtenir un degré de protection au moins égal au degré requis pour le local ou l'emplacement concerné ; dans le cas d'un profilé NF C 68-104, un accessoire spécifique doit être utilisé.
- Si la canalisation est apparente (conduit ou câble), le conduit ou la gaine du câble doit pénétrer dans l'appareillage.
- Si la canalisation est encastrée, le conduit doit aboutir à l'arrière de l'appareillage.

Pose en encastré

- Les socles de prise de courant et les interrupteurs doivent généralement être logés dans une boîte d'encastrement selon les conditions précisées dans le tableau 19.

Nature de la paroi	Boîte d'encastrement
Maçonnerie (pierres, moellons, briques, béton)...	Exigée
Bois ou particules de bois agglomérées	Non exigée
Cloison composite et comportant un vide de construction mais ne contenant pas de matières combustibles ou conductrices	Non exigée
Autres cloisons composites	Exigée

Tableau 19

- La protection mécanique de la canalisation doit être assurée jusqu'à sa pénétration dans la boîte d'encastrement lorsqu'elle est exigée ou dans le vide correspondant.
- Toute huisserie métallique contenant un appareillage encastré doit être reliée à un conducteur de protection.

Prises de courant

Caractéristiques

- Les socles de prise de courant doivent comporter un contact de terre (2 P+T), à l'exception des socles alimentés par un transformateur de séparation.
- Les socles de prise de courant 16 A doivent être à obturateurs par construction.
- Les socles de prises de courant 20 et 32 A sont :
  · soit d'un type à obturation ;
  · soit installés de manière à ce que l'axe des alvéoles soit placé à une hauteur minimale de 1,40 m du sol fini ;
  · soit munis d'un volet de protection.
  Depuis le 1er juin 2004, seuls les socles d'un type à obturation sont admis.
- Les socles de prise de courant installés dans les sols doivent posséder les degrés de protection IP24 et IK08.

Les socles de prise de courant ne doivent pas, à l'usage, se séparer de leur support et rendre accessibles les bornes de conducteurs ou des câbles d'alimentation.
Les socles de prise de courant fixés par vis permettent d'assurer cette prescription. Les socles de prise de courant fixés par griffes ne sont plus autorisés depuis le 1er juin 2004.

Conditions de pose

L'axe des alvéoles des socles 16 A et 20 A doit être situé à une hauteur au moins égale à 5 cm au-dessus du sol fini.
Cette hauteur minimale est portée à 12 cm pour les socles 32 A.

L'installation des socles de prise de courant doit respecter les règles particulières décrites pour les cuisines (voir page 66) et les salles d'eau (voir page 58).

Foyers lumineux

- Tout circuit qui alimente un foyer lumineux doit être commandé par un interrupteur.
- Toute canalisation encastrée doit être terminée par une boîte de connexion (pour le cas des boîtes fixées en plafond, se reporter à la page 52 pour leur mise en œuvre).

Interrupteurs, va-et-vient, télérupteurs et variateurs

- L'interrupteur simple ou le commutateur va-et-vient commandant un foyer lumineux fixe doit être au moins de type 10 A. Les variateurs doivent être choisis en fonction de la nature et de la puissance du luminaire à commander.
- Les appareils de commande unipolaires doivent être placés sur le conducteur de phase.
- L'interrupteur d'une prise de courant commandée doit être au moins de type 10 A.
- Un interrupteur ou un commutateur va-et-vient ne doit pas commander plus de deux socles de prise de courant.
- Lorsqu'un ou plusieurs foyers lumineux sont commandés de plus de deux points différents, on utilisera un télérupteur commandé par boutons-poussoirs.

L'appareillage de commande placé près d'une porte est généralement installé côté gâche, à portée de main et à une hauteur comprise entre 0,80 m et 1,30 m (dans la pratique à 1,20 m environ).

Schéma de principe d'un va-et-vient

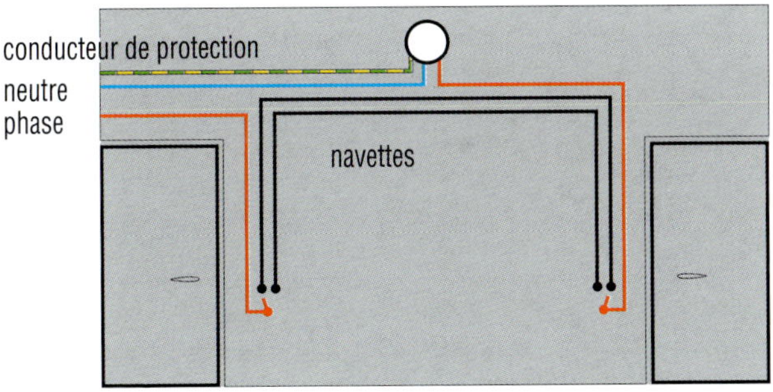

Fig. 22

Schéma de principe d'un télérupteur 4 fils

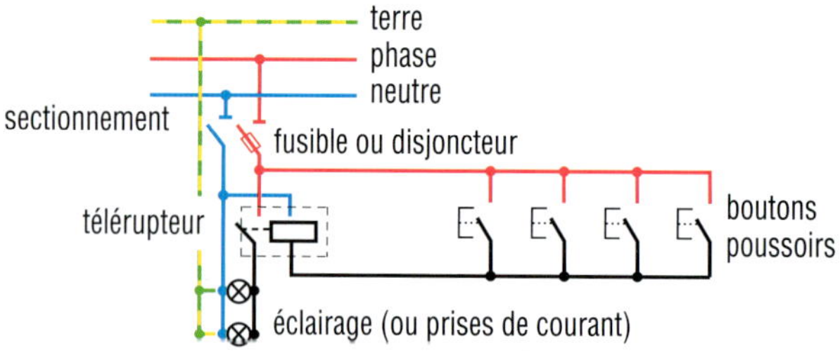

Nota : *l'avantage de ce schéma est de pouvoir ajouter sur ce circuit des lampes et des prises de courant commandées hors télérupteur.*

Fig. 23

Schéma de principe d'un télérupteur 3 fils

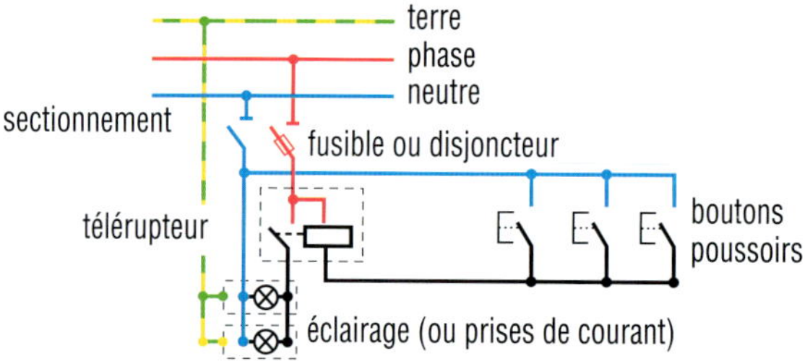

Fig. 23 bis

EMPLACEMENTS SPÉCIAUX

Salle d'eau

Domaine d'application

Les règles suivantes s'appliquent à tout type de local qui comporte une baignoire ou un receveur de douche. Ce peut donc être soit un local spécifique à cet usage (salle d'eau, salle de bains) ou tout autre pièce (chambre...).
La seule présence d'un lavabo ne soumet pas le local aux prescriptions de ce chapitre.

Définition des volumes

Des mesures particulières de sécurité doivent être respectées dans ce type de local en raison de la diminution de la résistance du corps humain lorsqu'il est immergé.

La norme considère **quatre volumes - 0, 1, 2 et 3** - correspondant chacun à des règles précises concernant l'installation électrique et les caractéristiques des matériels électriques utilisables.

Ces volumes sont illustrés par les figures 25 et 26.

Remarques :

- L'espace situé sous la baignoire est assimilé au volume 3 s'il est fermé et accessible seulement par une trappe ne pouvant être ouverte qu'à l'aide d'un outil. Dans le cas contraire, cet espace est à considérer comme étant inclu dans le volume 1. Dans les deux cas, le degrés de protection minimal IPx3 est requis.
- Pour une douche sans receveur, le volume 1 est limité par un cylindre vertical de rayon :
  - 0,60 m centré sur la pomme si elle est fixe ;
  - 1,20 m centré sur l'origine du flexible pour une pomme de douche fixée au bout d'un flexible.

Exemple d'installation électrique

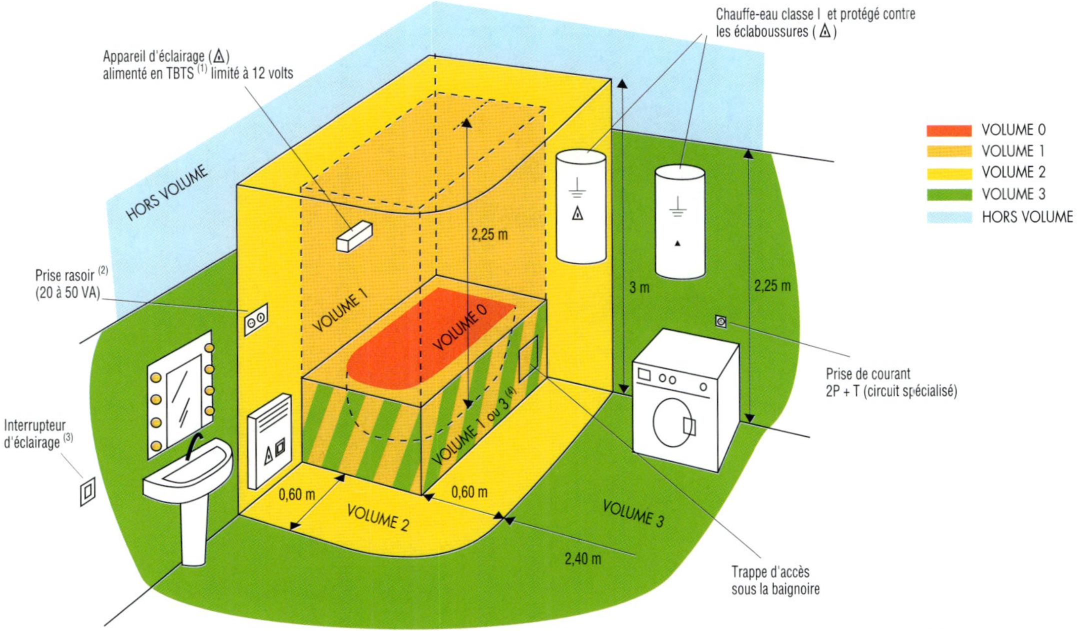

(1) Le transformateur (conforme à la norme NF EN 61558.2.6) est placé en dehors des volumes 0, 1 et 2.
(2) Alimentée par un transformateur de séparation de circuit (conforme à la norme NF EN 61558.2.4).
(3) L'appareillage domestique et analogue est admis dans le volume 3.
(4) L'espace situé sous la baignoire est assimilé au volume 3, si trappe pouvant être ouverte seulement à l'aide d'un outil, au volume 1 si l'espace est ouvert. Dans les deux cas, le degrés de protection IP x3 est requis.

Nota : Tous les circuits doivent être protégés par un ou plusieurs dispositifs différentiels haute sensibilité (DRHS 30 mA).

Fig. 24

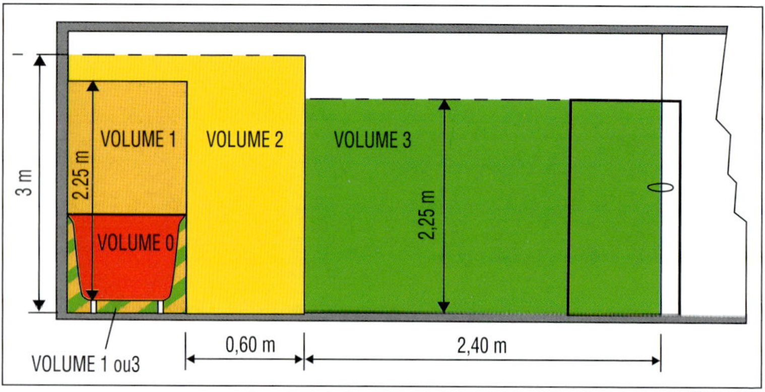

Fig. 25

L'utilisation d'une paroi fixe, pleine et non démontable peut permettre de limiter dans une certaine mesure les volumes définis ci-dessus.
La figure ci-contre en donne un exemple.

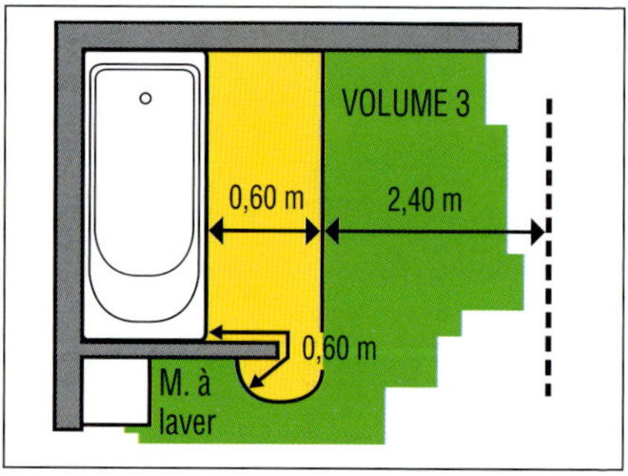

Fig. 26

Choix des matériels

- **Tous les circuits et à plus forte raison ceux desservant le local contenant une baignoire ou une douche doivent être protégés par un ou plusieurs dispositifs différentiels à haute sensibilité (DRHS 30 mA)** sauf les circuits en très basse tension de sécurité (TBTS 12 V)(1) ou en aval d'un transformateur de séparation.

Un transformateur de séparation des circuits est un transformateur dont les enroulements primaires et secondaires sont électriquement séparés par une isolation double ou renforcée, en vue de limiter, dans le circuit alimenté par l'enroulement secondaire, les risques en cas de contact simultané accidentel entre la terre et les parties actives ou les masses portées au même potentiel en cas de défaut d'isolement. Une très basse tension de sécurité (TBTS limitée à 12 V en salle d'eau) est issue d'un transformateur de sécurité.

(1) Seule la partie en 12 V est dispensée de protection différentielle : le circuit alimentant le transformateur doit être protégé par un DDHS 30 mA.

Les transformateurs de séparation et de sécurité doivent être conformes respectivement à la norme NF EN 61558-2-4 (NF C 52-558-2-4) et à la norme NF EN 61558-2-6 (NF C 52-558-2-6).

En dehors des volumes 0, 1, 2 et 3, il est recommandé d'adopter les mêmes dispositions que pour le volume 3 en prévision d'éventuelles modifications d'aménagement.

- Les matériels doivent posséder un indice de protection contre l'eau (IP) au moins égal aux valeurs indiquées dans le tableau 20.

Rappel des indices de protection nécessaires

Emplacement	Indice de protection IP	Symbole minimum de la protection contre l'eau	
		Appareils électro-domestiques	Luminaires
Extérieur des volumes	20 ou x0B	pas de symbole	pas de symbole
Volume 3	21 ou x1B		
Volume 2	23 ou x3B	pas de symbole	
Volume 1	24 ou x4B		
Volume 0	27 ou x7B		

Tableau 20

Chauffe-eau électriques

- Dans les **volumes 1 et 2**, s'ils ne peuvent pas être placés ailleurs, seuls sont admis les appareils alimentés en 230 V suivants :
  - les chauffe-eau électriques instantanés,
  - les chauffe-eau électriques à accumulation (1) ;

  en respectant les deux conditions suivantes :
  - les canalisations d'eau sont réalisées en matériau conducteur ;
  - le circuit d'alimentation en énergie électrique est protégé par DRHS $\leqslant$ 30 mA.

---

(1) Dans le volume 1, le chauffe-eau électrique à accumulation doit être de type horizontal et placé le plus haut possible.

Matériels électriques dans les locaux contenant une baignoire ou une douche

	Matériel	Mesures de protection	Dans les volumes 0	1	2	3
Appareils d'utilisation	Machine à laver, à sécher... (1)	Classe I + 30 mA	Interdit	Interdit	Interdit	Autorisé
	Appareils de chauffage (2)	Classe I + 30 mA	Interdit	Interdit	Interdit	Autorisé
		Classe II + 30 mA	Interdit	Interdit	Autorisé	Autorisé
	Éclairage	Classe I + 30 mA	Interdit	Interdit	Interdit	Autorisé
		Classe II + 30 mA	Interdit	Interdit	Autorisé	Autorisé
		TBTS 12 V	Autorisé (3)	Autorisé (3)	Autorisé (3)	Autorisé (4)
	Chauffe-eau instantané	Classe I + 30 mA	Interdit	Autorisé (5)	Autorisé (5)	Autorisé
	Chauffe-eau à accumulation	Classe I + 30 mA	Interdit	Autorisé (5) (6)	Autorisé (5)	Autorisé
Appareillage	Interrupteur	30 mA	Interdit	Interdit	Interdit	Autorisé
		TBTS 12 V	Interdit	Autorisé (3)	Autorisé (3)	Autorisé (4)
	Prise 2P + T	30 mA	Interdit	Interdit	Interdit	Autorisé
	Prise rasoir (20 à 50 VA)	Transformateur de séparation	Interdit	Interdit	Autorisé	Autorisé
	Transformateur de séparation	30 mA	Interdit	Interdit	Interdit	Autorisé
	Canalisations		Interdit	Autorisé (7)	Autorisé (7)	Autorisé
	Boîte de connexion		Interdit — Sauf alimentation directe d'un appareil	Interdit	Interdit	Autorisé

Interdit (rouge) autorisé (vert) Tableau 21

(1) Il convient d'installer les socles de prise de courant spécialisée destinée à la machine à laver le linge à proximité des arrivées et évacuations d'eau nécessaires à ces appareils. L'emplacement des raccordements hydrauliques ne doit pas conduire à installer une machine à moins de 0,60 m du bord d'une baignoire ou d'un receveur de douche.

(2) Dans les volumes 2 et 3, les boîtes de raccordement des appareils de chauffage doivent être situées derrière ceux-ci.

(3) Le transformateur doit être placé en dehors des volumes 1 et 2.

(4) La tension de la TBTS peut être portée à 50 volts.

(5) Si raccordé au réseau d'eau par des canalisations métalliques fixes.

(6) Dans ce cas le chauffe-eau doit-être de type horizontal et placé le plus haut possible.

(7) Limitées à l'alimentation des appareils autorisés dans ces volumes.

Appareils d'éclairage (luminaires)

- Le mobilier comportant un équipement électrique (armoire de toilette, bandeau lumineux...) est visé par le guide UTE C 71-113.
- Les armoires de toilette comportant un appareil d'éclairage, un interrupteur et un socle de prise de courant, peuvent être installées dans le volume 2 à condition qu'elles répondent aux règles de la classe II et que le socle de prise de courant soit alimenté par l'intermédiaire d'un transformateur de séparation.
- Les lampes suspendues à bout de fil et les douilles métalliques sont interdites.

Connexions

- Dans les volumes 0, 1 et 2, les appareils installés à poste fixe doivent être raccordés directement et non par l'intermédiaire d'une prise de courant.
- Dans les volumes 0, 1 et 2, aucune boîte de connexion n'est admise. Ceci ne s'applique pas aux boîtes contenant les dispositifs de raccordement des appareils d'utilisation aux canalisations qui les alimentent.
- Dans les volumes 2 et 3, les boîtes de raccordement alimentant les appareils de chauffage installés à poste fixe doivent être de préférence situées derrière ces appareils.

Canalisations

- Les conducteurs sous moulures bois sont interdits. Les conducteurs sous moulures plastiques sont acceptés si celles-ci présentent un indice IP suffisant (voir tableau 20 page 61) ; sinon, les conducteurs devront être remplacés par un câble (voir tableau 12 page 37).
- Dans le **volume 0** aucune canalisation n'est admise (TBTS limitée à 12 volts en courant alternatif ou 30 volts en courant continu lisse admis).
- Dans les **volumes 1 et 2,** les canalisations doivent être limitées à celles nécessaires à l'alimentation des appareils situés dans ces volumes.

Liaison équipotentielle locale

- Chaque salle d'eau doit comporter une liaison équipotentielle locale.

Bien que cette liaison équipotentielle ne soit exigée que pour les volumes 1, 2 et 3, il est recommandé de la réaliser pour l'intégralité des salles d'eau de grandes dimensions en prévision des modifications d'aménagements.

Exemples de liaison équipotentielle supplémentaire locale

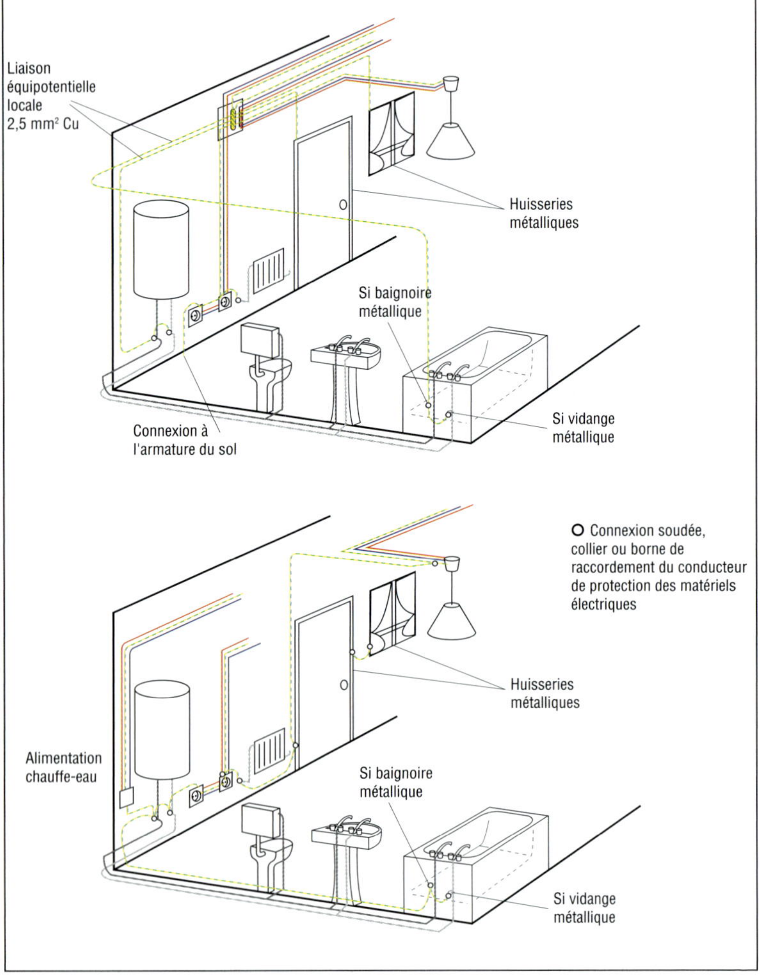

Fig. 27

- Cette liaison équipotentielle locale doit être assurée entre toutes les canalisations métalliques (eau froide, eau chaude, vidange, chauffage, gaz, etc.), les corps des appareils sanitaires lorsqu'ils sont métalliques, les armatures métalliques du sol, les autres éléments conducteurs accessibles, tels que les huisseries métalliques, et tous les conducteurs de protection.
- La liaison équipotentielle locale doit être réalisée dans la salle d'eau. S'il n'est pas possible de relier certains éléments conducteurs à l'intérieur de la salle d'eau, cette liaison peut être réalisée dans les locaux contigus.
- Le conducteur assurant la liaison équipotentielle est, de préférence, soudé aux canalisations ou autres éléments conducteurs, sinon fixé solidement par des colliers, attaches, vis de serrage sur des parties métalliques non peintes.
- Le conducteur de la liaison équipotentielle locale ne peut en aucun cas être noyé directement dans les parois ; les conditions de mise en œuvre sont indiquées dans le tableau 22.

Type de conducteurs	Conditions de pose	Section minimale
H07V-U, R ou K	fixé directement aux parois	4 mm^2
H07V-U, R ou K	sous conduit isolant apparent, en encastré ou sous moulure	2,5 mm^2
Conducteur nu	fixé directement aux parois	4 mm^2
Feuillard galvanisé	peut être noyé dans les parois (sol ou cloisons)	20 mm^2 épaisseur minimale 1 mm

Tableau 22

- Une huisserie métallique peut constituer une partie de la liaison équipotentielle locale si sa continuité électrique est assurée. Il n'en est pas de même pour tout autre élément conducteur (canalisation d'eau...).
- Il est interdit de relier à la liaison équipotentielle locale la carcasse métallique des appareils de chauffage de classe II.
- Il n'est pas nécessaire de relier à la liaison équipotentielle locale :
  - les radiateurs de chauffage, équipés ou non d'une résistance électrique, alimentés en eau chaude par des canalisations isolantes ;
  - les porte-serviettes métalliques non chauffants ;
  - les grilles métalliques hautes et basses d'aération ;
  - les robinets reliés à des canalisations isolantes.

La préparation des repas impose l'utilisation d'appareils électriques de plus en plus nombreux et à des emplacements dans certains cas difficiles à prévoir lors de la réalisation initiale de l'installation électrique. Par ailleurs, les cuisines font souvent l'objet d'un aménagement après réception de la construction.
Pour toutes ces raisons, il peut être intéressant de traiter l'installation électrique de cette pièce avec le plus de flexibilité possible, c'est-à-dire en privilégiant l'utilisation de systèmes de profilés plastiques (plinthes, moulures...) et d'un petit tableau de commande/sectionnement. Ce tableau, situé en cuisine, sera alimenté à partir du tableau de répartition par une canalisation en 10 mm^2, protégée par un coupe-circuit à cartouche fusible domestique ou un disjoncteur divisionnaire 32 A ; il devra être mis en œuvre dans les conditions précisées au paragraphe «Tableau de répartition» page 14.

- L'alimentation du réfrigérateur/congélateur peut être réalisée comme indiqué au paragraphe « Congélateur » page 87.

- l'installation des socles de prise de courant est interdite au-dessus des bacs d'évier et des feux et plaques de cuisson. Cependant l'exception est admise pour une prise supplémentaire si celle-ci est destinée à l'alimentation d'une hotte, et clairement identifiée comme telle.

- Le circuit d'alimentation des sorties de fils en applique doit être protégé par un dispositif différentiel haute sensibilité d'au plus 30 mA.

Nota : *la sortie de câble 32 A destinée à l'alimentation d'une cuisinière électrique ou de plaques de cuisson ne doit pas être utilisée à d'autres usages, tels que l'alimentation d'un circuit de prises de courant ou d'un circuit d'éclairage.*

Caves - garages individuels

Les circuits desservant les caves ou garages individuels situés dans les immeubles collectifs sont raccordés :

- soit au tableau des services généraux d'où sont issus des circuits terminaux (voir mémento Promotelec « Immeubles collectifs - installations électriques des parties communes et des services généraux ») ;
- soit au tableau de répartition du logement : la canalisation d'alimentation doit présenter une isolation double ou renforcée par rapport aux circuits électriques et aux masses des autres installations.
  Pour limiter la chute de tension, la section doit-être d'au moins 2,5 mm^2. Pour une chute de tension maximale de 3 % et une intensité maximale de 5 A et 10 A, un circuit en 2,5 mm^2 devra avoir une longueur maximale respectivement de 75 m et 37 m, compte tenu du fait que, pour ces intensités, l'échauffement des conducteurs est négligeable.
  Aucune dérivation n'est admise dans les parties communes. Un voyant lumineux doit être placé sur le tableau de répartition du logement pour visualiser la mise sous tension du câble d'alimentation de la cave ou du garage. Ce circuit est protégé par un dispositif différentiel d'au plus 30 mA ;
- soit à un branchement sur le réseau de distribution avec comptage.

Autres locaux humides

- Dans les buanderies, séchoirs, lingeries... les appareils doivent être protégés contre les chutes verticales d'eau (IPx1).

Locaux annexes
Installations extérieures

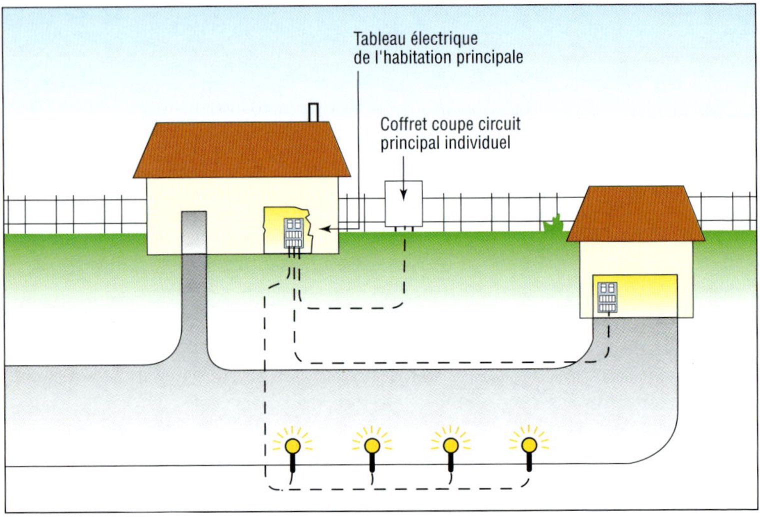

Fig. 28

Alimentation de locaux annexes

Dans le cas par exemple, de remise, d'atelier personnel, de cabane de jardin, de garage de jardin ou tout autre local non attenant à la maison, l'alimentation électrique ne se fait généralement pas par un nouveau compteur. Elle est souvent réalisée par un câble enterré entre le tableau principal du logement et le local. On trouvera page 48 les règles à appliquer pour la pose des câbles en enterré.

Choix de la section

Le choix de la section du câble d'alimentation se fait en fonction de la puissance nécessaire (qui détermine le courant assigné de la protection) et des contraintes liées aux chutes de tension.

Dans le cas où la distance entre le disjoncteur de branchement et le tableau principal de protection est peu importante (faible chute de tension au niveau du tableau principal), on utilise les règles énoncées page 104 pour choisir la section du câble d'alimentation du local annexe.

Sinon, dans le cas d'une distance significative, il faut faire le calcul de chute de tension pour chaque tronçon de câble à partir du disjoncteur de branchement jusqu'au point d'éclairage le plus défavorisé. Il faut utiliser la formule de la page 105, pour calculer le Δ_u de chaque tronçon et en faire la somme pour obtenir la chute de tension finale.

L'alimentation au départ du tableau vers l'annexe doit faire l'objet d'une protection contre les surintensités.

Il est recommandé de prévoir une section de conducteur supérieure à celle strictement nécessaire pour pouvoir augmenter la quantité d'équipements électriques prévus, sans avoir à remplacer le câble.

Exemple de calcul :
Longueur du câble C_1 entre le tableau principal et le disjoncteur de branchement : 42 m
Type de disjoncteur de branchement : 30/60 A (on prendra la valeur de 60 A quel que soit le réglage du disjoncteur)
Longueur du câble C_2 entre le tableau du local et le tableau principal : 31 m
Courant nécessaire dans le local : 20 A (soit environ 4 600 W)

Si nous choisissons une section de 35mm² pour C_1, et 10mm² pour C_2, nous avons :
Δ_{u1} = 1,44% Δ_{u2} = 1,24%
Donc dans l'annexe, au niveau du tableau, cela nous donne une chute de tension de : Δ_u = 2,68%
Ce qui laisse environ 0,3% de chute de tension pour la distribution des points lumineux du local : cela correspond à un circuit éclairage en 1,5 mm² alimentant des appareils dont la somme des puissances fait 500 W, situés à 6 m du tableau.

La prise de terre

Il y a deux solutions pour la prise de terre d'un local extérieur : soit on ramène la terre du logement principal en passant un conducteur de protection avec le câble d'alimentation électrique, soit on crée une nouvelle prise de terre au niveau du local concerné.

Si on crée une nouvelle prise de terre, il faut en effectuer la mesure, ce qui nécessite un équipement particulier.
Il faut également s'assurer qu'aucun équipement électrique alimenté par des circuits dont la terre provient du tableau principal (par exemple un éclairage extérieur) ne soit à proximité d'équipements alimentés par des circuits du local annexe (par exemple un autre éclairage extérieur).

Ramener la terre du logement principal dispense de la mesure de terre et supprime les problèmes de proximité éventuelle entre des équipements électriques raccordés à des terres d'origines différentes. Cela peut cependant se révéler plus onéreux selon la distance entre le logement et l'annexe.

Protection différentielle

La totalité de l'installation doit faire l'objet d'une protection différentielle 30 mA. Pour assurer une sélectivité entre l'annexe et le logement, il est recommandé que l'annexe ne soit pas protégée par un des interrupteurs différentiels placés dans le tableau principal, mais par un interrupteur différentiel situé dans le tableau de répartition localisé dans l'annexe.

Il est recommandé dans ce cas de s'assurer que le disjoncteur de branchement soit équipé d'une protection différentielle 500 mA pour que le câble soit protégé contre les contacts indirects jusqu'à l'annexe. Sinon, des dispositions devront être prises pour que ce câble et ses connexions soient protégés par un autre dispositif différentiel ou soient de classe II.

Eclairage et prises en extérieur

Les foyers lumineux et les socles de prise de courant placés à l'extérieur des bâtiments doivent être protégés contre les projections d'eau (IP24) (IP25 dans les emplacements susceptibles d'être arrosés au jet d'eau).

Il est recommandé d'installer les socles de prise de courant placés à l'extérieur des bâtiments à environ 1 mètre au-dessus du sol.
L'éclairage peut avantageusement être commandé automatiquement par des détecteurs de présence, ce qui permet entre autre une certaine dissuasion à l'encontre des personnes malveillantes.

APPLICATIONS PARTICULIÈRES

Chauffage par convecteurs ou panneaux radiants

Circuits d'alimentation

- Les puissances admissibles par circuit sont indiquées dans les tableaux 23 et 24.

Protection assurée par fusible

Puissance maximale en watts (W) pour une tension monophasée de 230 volts	Courant assigné maximal du dispositif de protection (fusible) en ampères (A)	Section minimale des conducteurs en cuivre (mm^2)
2 250	10	1,5
3 500	16	2,5

Tableau 23

Protection assurée par disjoncteur

Puissance maximale en watts (W) pour une tension monophasée de 230 volts	Courant assigné maximal du dispositif de protection (disjoncteur) en ampères (A)	Section minimale des conducteurs en cuivre (mm^2)
2 250	10	1,5
4 500	20	2,5

Tableau 24

Nota : *Les valeurs des courants assignés des dispositifs de protection des tableaux 23 et 24 ont été déterminées à partir du mode de pose des canalisations d'alimentation couramment utilisé.*

Dispositif de commande

Cette commande peut être assurée par le disjoncteur divisionnaire placé à l'origine de chacun des circuits correspondants.
Elle peut également être assurée au niveau de chaque appareil de chauffage par l'interrupteur incorporé à l'appareil.

Protection par dispositif différentiel 30 mA

Si la programmation est réalisée par fil pilote, l'ensemble des convecteurs de l'installation doit être protégé par un même dispositif différentiel afin d'éviter les déclenchements indésirables.

Sectionnement du fil pilote

Il doit être placé à l'origine de chacun des circuits et être associé au dispositif de protection.
Il est admis cependant de prévoir un dispositif de sectionnement général du fil pilote :
- soit associé à un interrupteur général du chauffage ;
- soit indépendant, le dispositif de protection dédié à la gestion d'énergie pouvant remplir cette fonction. Dans ce dernier cas, le marquage suivant "Attention, fil pilote à sectionner" doit être réalisé sur le tableau de répartition et dans la boîte de connexion de l'équipement de chauffage.

Mise à la terre

- Les appareils électriques de chauffage doivent être :
  - soit de préférence de classe II (⧈), ce qui les dispense de la mise à la terre ;
  - soit de classe I et leur borne de terre doit être reliée à la borne de terre de l'installation par un conducteur de protection.

- Dans le cas d'un appareil de classe II, le conducteur de protection dont la canalisation est obligatoirement équipée ne doit pas être raccordé mais laissé en attente.

Connexions

Les appareils de chauffage ne doivent pas être raccordés sur des socles de prise de courant, mais sur une boîte de sortie de câble.

Eléments chauffants intégrés au bâti

Les systèmes les plus utilisés actuellement sont :

- le plancher rayonnant électrique (PRE) ;
- le plafond rayonnant plâtre (PRP) ;

Ces systèmes de chauffage, de par leur rayonnement à basse température, assurent un confort de grande qualité.
Afin de respecter la réglementation thermique, une régulation pièce par pièce doit être assurée.

Le plancher rayonnant électrique (PRE)

Il utilise un élément chauffant (câble) intégré :

- soit dans une chape flottante (épaisseur maximale 5 cm) ;
- soit dans la colle du carrelage.

Pour assurer une bonne homogénéité thermique de la surface du plancher, il convient de répartir le câble chauffant sur au moins 80 % de la surface équipable (obstacles déduits) de la pièce.

L'alimentation d'éléments chauffants peu ou pas isolés doit être réalisée en très basse tension de sécurité (TBTS) limitée à 25 volts.

Qualité du matériel

- Les éléments chauffants doivent être conformes à la norme NF C 32-330 lorsque leurs caractéristiques entrent dans le domaine d'application de cette norme. Dans le cas contraire, ils doivent avoir fait l'objet d'un avis technique du CSTB indiquant le champ d'application et les conditions particulières de mise en œuvre.

- L'incorporation des éléments chauffants dans les planchers en béton fait l'objet des prescriptions de la norme NF P 52-302/1 (ancien DTU 65.7), ainsi que du cahier des prescriptions techniques (CPT PRE 06/96 et additifs) et de l'avis technique du procédé. Aucune fixation pénétrant dans le plancher ne doit être utilisée dans les zones équipées d'éléments chauffants.

Connexion des éléments de chauffage

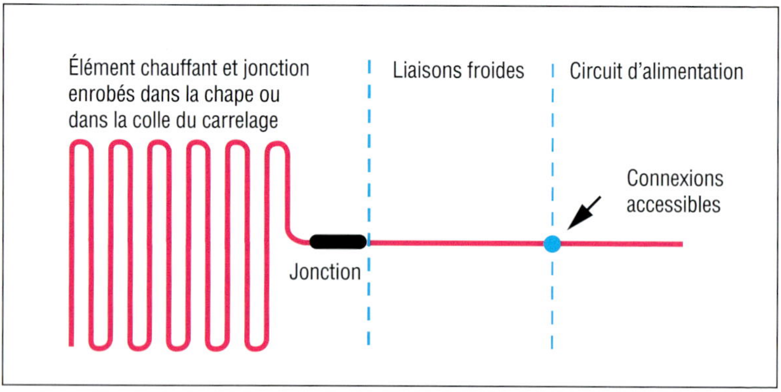

Fig. 29

Alimentation

<u>*Protection des circuits contre les surintensités*</u>

- La protection de chaque circuit contre les surintensités doit être assurée à son origine par un disjoncteur divisionnaire.
- Le courant assigné des dispositifs de protection est donné par le tableau 24 page 72.

Sectionnement
Le conducteur neutre de chacun des circuits doit pouvoir être sectionné. En pratique, pour faciliter et simplifier l'installation, cette fonction de sectionnement est assurée par les appareils de protection.

Protection contre les contacts indirects

- Câbles isolés avec révêtement métallique (armure, gaine armure ou gaine)

  Le revêtement métallique doit être relié au conducteur de protection du circuit d'alimentation.

- Câbles isolés sans revêtement métallique

  Chaque dispositif différentiel haute sensibilité $\leqslant$ 30 mA ne doit pas protéger des éléments d'une puissance supérieure à 7,5 kW (230 V).

- Dispositions particulières aux locaux contenant une baignoire ou une douche

  Des éléments électriques chauffants noyés dans le sol des volumes 1, 2, 3 et hors volume d'un local contenant une baignoire ou une douche peuvent être installés, sous réserve qu'ils soient recouverts :

  - soit d'un treillis métallique spécifique (l'armature métallique de la chape peut convenir si la dimension de la maille correspond à la valeur ci-après) de maille inférieure ou égale à 5 cm x 5 cm (grillage de carreleur) mis à la terre et relié à la liaison équipotentielle locale ;
  - soit d'un revêtement métallique (tissé autour du câble par exemple) mis à la terre et relié à la liaison équipotentielle locale.

Plafond rayonnant plâtre (PRP)

Deux techniques existent actuellement :

- le panneau résidentiel.

  Il est composé :
  - d'un isolant feuilluré longitudinalement sur lequel est collé le film chauffant ;
  - d'une plaque de plâtre spécifique.

- le film chauffant.

  Il est placé entre un isolant minéral et une plaque de plâtre spécifique.

Qualité des équipements

Les équipements et leur mise en œuvre doivent être conformes aux prescriptions du guide UTE C 73-999 (PRP). Leur mise en œuvre doit satisfaire aux prescriptions techniques communes (CPT PEC 12/93), et à l'avis technique du procédé.

Circuits d'alimentation

Leur dimensionnement est réalisé selon les valeurs adoptées pour le chauffage par convecteur et panneaux radiants (voir tableaux 23 et 24). Les dispositions à observer sont identiques à celles exposées pour le chauffage par convecteurs et panneaux radiants.

Protection contre les contacts indirects

Chaque dispositif différentiel haute sensibilité $\leqslant$ 30 mA ne doit pas protéger des éléments d'une puissance assignée supérieure à 7,5 kW (230 V).

Une alimentation en très basse tension de sécurité (TBTS) est nécessaire pour certains systèmes.

Chauffe-eau électrique à accumulation

Dans le cas d'utilisation d'un chauffe-eau à accumulation et d'une tarification avec option « heures creuses », il est économique de le faire fonctionner essentiellement pendant les heures creuses. A cette fin, le distributeur d'énergie électrique met à la disposition de l'usager un contact incorporé au compteur électrique.

Les contacts ayant un pouvoir de coupure limité, le ou les équipements à asservir doivent être commandés par l'intermédiaire d'un ou plusieurs contacteurs (relais).

Le chauffe-eau à accumulation doit être alimenté par une canalisation de section minimale 2,5 mm² CU.

Schéma de principe de l'alimentation d'un chauffe-eau (avec contacteur heures creuses)

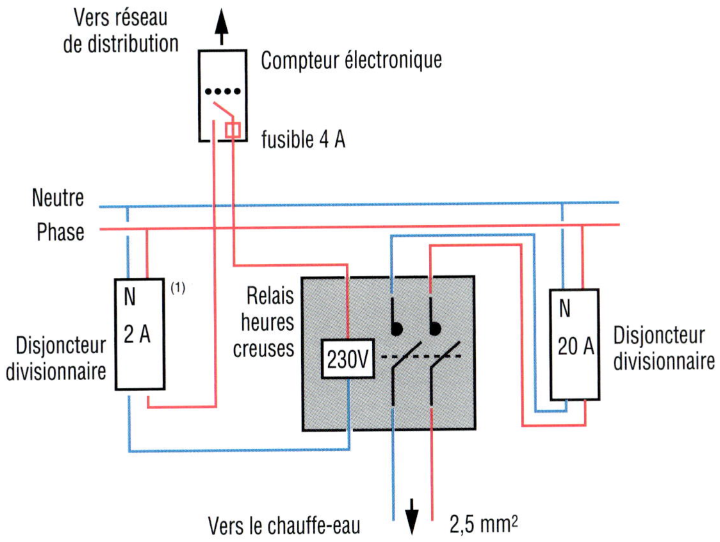

(1) Généralement, ce circuit est réalisé en 1,5 mm². Il peut donc être protégé par un disjoncteur 16 A. Toutefois la protection interne du compteur électronique étant de 4 A, il est recommandé de prendre un courant assigné de 2 A.

Fig. 30

> **Avertissement**
> Les **kits** (systèmes d'éclairage à très basse tension livrés en prêt à monter en vue de leur utilisation par des usagers non professionnels – guide UTE C 71-102) ne sont pas admis dans les installations fixes.

Seule la TBTS (très basse tension de sécurité) est autorisée.
La source de sécurité est généralement :

- un transformateur résistant aux courts-circuits (par construction ou par dispositif incorporé) conforme à la norme NF EN 61558-2-6 (NF C 52-558-2-6).

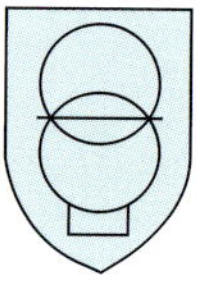

- ou un convertisseur comportant un dispositif de protection incorporé contre les courts-circuits et surcharges (ainsi qu'une protection contre les échauffements) conforme à la norme NF EN 61347-2-2 (C 71-247-2) et à son annexe 1.

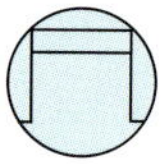

Les transformateurs doivent être de préférence de classe II.

Le circuit secondaire doit n'avoir aucun point relié à la terre et présenter une isolation double ou renforcée vis-à-vis des autres circuits à basse tension. Ceci interdit de mettre dans un même conduit les conducteurs d'un circuit TBTS avec ceux d'un circuit BT. Les câbles mentionnés page 36 présentent l'équivalence d'une isolation double.

Protection contre les courts-circuits du circuit primaire basse tension (P1)

La protection contre les surcharges n'est pas nécessaire si l'intensité admissible des conducteurs est au moins égale à la somme des courants assignés des transformateurs alimentés.

Pour la protection contre les courts-circuits, les coupe-circuit à cartouche fusible domestique ne sont pas utilisables. Il convient donc de mettre en œuvre des disjoncteurs divisionnaires :

- du type C pour un transformateur d'au plus 450 VA ;
- du type D au-delà de cette puissance.

Protection contre les surintensités du circuit secondaire très basse tension de sécurité (P2)

Cette protection n'est nécessaire que lorsque le transformateur ou le convertisseur n'est pas intégré à l'appareil d'éclairage.

Il en est de même, pour la protection contre les surchages, lorsque le transformateur ou le convertisseur n'alimente qu'un seul appareil d'éclairage (fig. 31). En effet, l'intensité admissible des conducteurs est généralement au moins égale au courant assigné du transformateur, par exemple un transformateur de 100 VA alimentant une canalisation en cuivre de 1,5 mm² de section. La protection contre les courts-circuits au secondaire du transformateur est assurée par le dispositif de protection incorporé au transformateur jusqu'à une longueur de 2 mètres. Pour des longueurs supérieures le calibre de la protection est donné par le tableau 2 du guide UTE C 15-559.
Concernant les convertisseurs, la protection contre les courts-circuits est assurée par le dispositif de protection incorporé au convertisseur jusqu'à une longueur ne devant pas dépasser 2 mètres.

Transformateur ou convertisseur alimentant un seul appareil d'éclairage

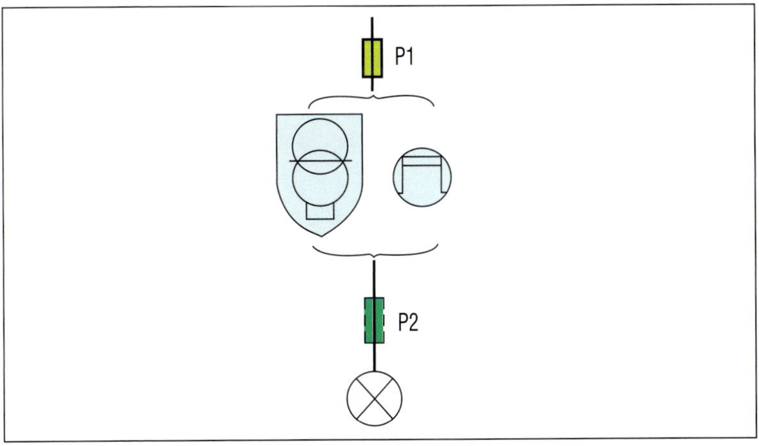

Fig. 31

Lorsque le transformateur ou le convertisseur alimente plusieurs appareils d'éclairage (fig. 32), cette protection doit être réalisée à l'origine de chaque circuit secondaire.

Transformateur ou convertisseur alimentant plusieurs appareils d'éclairage

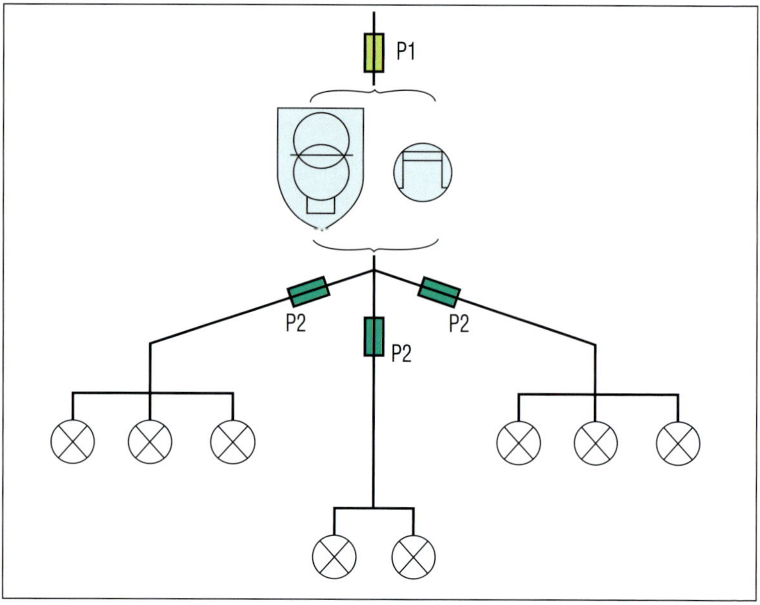

Fig. 32

Chute de tension

La chute de tension ne doit pas être supérieure à 5 %, soit 0,6 volt pour une TBTS de 12 volts.
En conséquence, la longueur maximale L d'une canalisation de section S est :

$$L = 13{,}3 \frac{S}{I} \text{ (monophasé)}$$

Ainsi, pour un circuit secondaire en 1,5 mm^2 cuivre alimenté par un transformateur de 100 VA (8,33 A), on obtient L $\leqslant$ 2,4 m.

Mise en œuvre

Les matériels, y compris les appareillages, doivent être disposés de façon à faciliter leur manœuvre, leur visite, leur entretien, l'accès à leurs connexions et leur remplacement.
Les transformateurs, les convertisseurs et dispositifs de protection ne peuvent être mis en œuvre dans les plafonds ou faux-plafonds que si ceux-ci sont démontables ou si les matériels restent accessibles. De

plus, ces matériels doivent être fixés et installés sur les parties fixes des faux-plafonds démontables.
La figure 33 donne un exemple de raccordement d'appareil d'éclairage et précise notamment les prescriptions relatives à la protection incendie.

- Les luminaires marqués du symbole F ne doivent pas être recouverts d'isolant.

- Les luminaires marqués du symbole F peuvent être recouverts d'isolant.

- Le matériau de la surface d'appui conditionne le choix des luminaires :
  - il est ainsi interdit de monter des appareils d'éclairage sur des matériaux facilement inflammables (bois massif non résineux d'épaisseur inférieure à 14 mm ; bois massif résineux, contre-plaqués, lattes, particules, fibres d'épaisseur inférieure à 18 mm) ;
  - si la surface d'appui est en métal, plâtre, verre ou béton, les appareils d'éclairage non marqués sont autorisés ;
  - Pour les autres matériaux (dits normalement inflammables) les appareils d'éclairage doivent être marqués F.

- les liaisons entre luminaires et transformateurs doivent résister à une température de 170° C. Cette protection peut être assurée :
  - soit par câble résistant à cette température ;
  - soit par une canalisation placée sous une gaine résistante à cette température.

Raccordement d'appareil d'éclairage

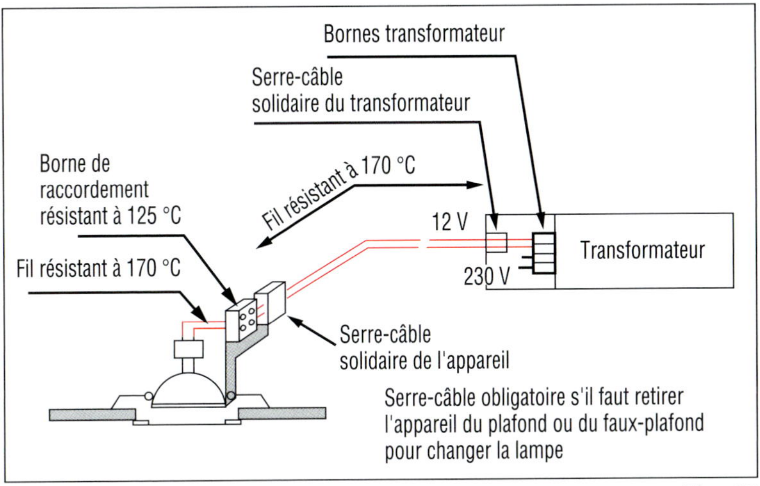

Fig. 33

Les prescriptions de ce chapitre s'appliquent aux bassins des piscines et aux volumes les entourant. Elles s'appliquent également aux pédiluves.

Volumes des piscines

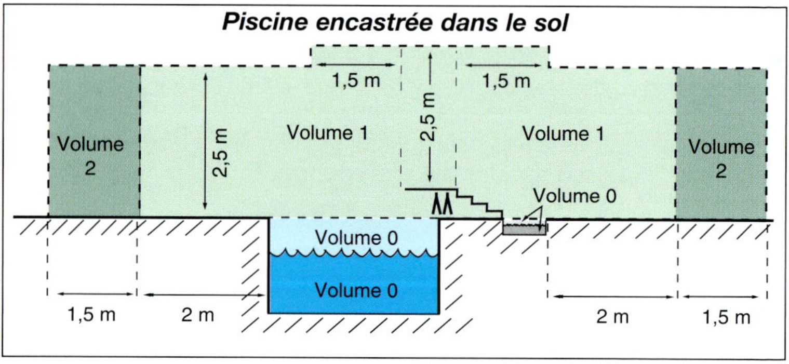

Fig. 34

En cas de plongeoir, le volume 1 est considéré jusqu'à 2,50 m au-dessus du plongeoir.

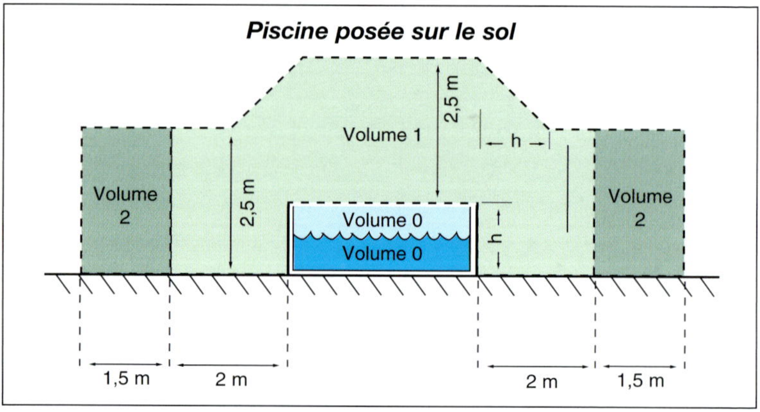

Fig. 35

Choix des matériels électriques

Volumes	0	1	2
IP	IPx8	IPx5	IPx2 (intérieur) IPx5 (extérieur)
Canalisations	TBTS 12 V (1)	classe II	classe II
Appareillage	**INTERDIT** sauf TBTS 12 V (1)	**INTERDIT** sauf TBTS 12 V (1)	- DR 30 mA - TBTS 12V (1) - séparation de circuit individuelle (1)
Appareils d'utilisation	**INTERDIT** sauf TBTS 12 V (1)	**INTERDIT** sauf TBTS 12 V	Luminaires : classe II autres appareils : - classe I ou classe II + DR 30 mA - séparation de circuit individuelle (1) - TBTS 12 V (1)

Tableau 26

(1) la source de sécurité étant installée en dehors des volumes 0, 1 et 2.

Liaison équipotentielle supplémentaire

Tous les éléments conducteurs des volumes 0,1 et 2 doivent être reliés par des conducteurs d'équipotentialité, eux-mêmes reliés aux conducteurs de protection des masses des matériels situés dans ces volumes. Parmi les éléments à relier à la liaison équipotentielle supplémentaire on peut citer :

- les armatures du sol, si elles existent ;
- les conduits métalliques ;
- les charpentes métalliques accessibles ;
- les grilles d'amenée et de sortie d'eau et d'air (sauf si les canalisations correspondantes sont en matière isolante).

Les éléments suivants peuvent ne pas être à la liaison équipotentielle supplémentaire :
- les échelles des plongeoirs ;
- les échelles et barrières du bassin ;
- les tremplins.

Canalisations

Dans les volumes 0 et 1, les canalisations doivent être limitées à celles nécessaires à l'alimentation des appareils situés dans ces volumes.

Dans les volumes 0, 1 et 2, les canalisations ne doivent pas comporter de gaine métallique.

Les boîtes de connexion ne sont pas admises dans les volumes 0 et 1 à l'exception de celles situées dans le volume 1 pour les circuits alimentés en TBTS.

Appareils d'éclairage

Les appareils d'éclairage subaquatiques sont :

- soit non-immergés et disposés derrière des hublots étanches installés dans des galeries techniques. Si les appareils sont de classe I, il ne doit pas y avoir de liaison conductrice volontaire ou de fait entre la masse de l'appareil et les parties conductrices éventuelles des hublots ;
- soit immergés et constitués par des appareils de degré de protection IPx8 et alimentés en TBTS au plus égale à 12 volts (conformes à la norme NF EN 60598-2-18 (C 71.018)). Les règles du chapitre “Éclairage en très basse tension” page 78, concernant les dispositions relatives à la protection contre les surintensités et les chutes de tension et le type de transformateur, doivent être respectées.

Nota : *les transformateurs de sécurité sont placés dans un local annexe ou une galerie technique. En outre, les règles relatives à la chute de tension peuvent ne pas être appliquées pour les piscines à usage domestique.*

Autres matériels spécifiques aux piscines

Dans les volumes 0 et 1, seuls des appareils destinés à l'utilisation pour les piscines peuvent être installés.
Les matériels de nettoyage pour les piscines sont alimentés en TBTS 12 V en courant alternatif ou 30 V en courant continu.
Une pompe d'alimentation ou autres matériels électriques spécialement utilisés dans les piscines, disposés dans un local ou emplacement contigu à la piscine et accessible par une trappe (ou porte) située sur la plage entourant la piscine, doivent être protégés par l'une des mesures suivantes :

- TBTS limitée à 12 V ;
- séparation électrique ;
- coupure automatique de l'alimentation, avec les conditions suivantes simultanément remplies :
  - la pompe ou autres matériels sont reliés au bassin de la piscine,
    - soit par des canalisations d'eau électriquement isolantes,
    - soit par des canalisations d'eau métalliques reliées à la liaison équipotentielle du bassin de la piscine,
  - les matériels situés à l'intérieur de l'enveloppe sont de classe II ou, s'ils sont de classe I et mis à la terre, sont séparés des éléments métalliques par une isolation supplémentaire ;

- les matériels ne sont accessibles que par la trappe (ou porte d'accès) ne pouvant être ouverte qu'à l'aide d'une clé ou d'un outil ;
- lorsque la trappe (ou porte d'accès) est ouverte, l'ensemble des matériels doit présenter un degré de protection au moins égal à IPx5 ;
- l'alimentation de ces matériels d'utilisation doit être protégée par un dispositif de protection différentiel de courant différentiel-résiduel assigné au plus égal à 30 mA ou ces matériels d'utilisation sont alimentés individuellement par un transformateur de séparation.
- la liaison équipotentielle supplémentaire mentionée page 84 doit être réalisée.

Dispositions particulières pour les matériels électriques basse tension installés dans le volume 1 des piscines

Les matériels fixes spécialement destinés à être utilisés dans les piscines (par exemple groupes de filtration, nage à contre-courant), alimentés sous une tension autre que la TBTS limitée à 12 V alternatif ou 30 V continu, sont admis dans le volume 1 avec les trois prescriptions suivantes :

- les matériels électriques doivent être situés dans une enveloppe dont l'isolation est équivalente à une isolation supplémentaire et présentant une protection mécanique IK07 ;
- les prescriptions du chapitre “Autres matériels spécifiques aux piscines” page 84, relatives à la coupure automatique de l'alimentation avec conditions simultanément remplies, sont applicables ;
- et l'ouverture de la trappe doit provoquer la coupure de tous les conducteurs actifs de l'alimentation des matériels situés dans l'enveloppe. L'installation de l'interrupteur omnipolaire ainsi que l'entrée du câble doivent être équivalentes à la classe II.

Sécurité des piscines contre la noyade

Les piscines construites après le 1er janvier 2004 doivent prévoir un dispositif de sécurité contre la noyade [1]. Ce dispositif doit être constitué d'une barrière, une couverture, un abri ou une alarme répondant aux exigences suivantes :

---

(1) Chapitre VIII du Code de la construction et de l'habitation, modifié par la loi 2003-9 du 3 janvier 2003, le décret 2003-1389 du 31 décembre 2003 et le décret 2004-499 du 7 juin 2004.

- les barrières de protection ne doivent pas permettre le passage d'enfants de moins de cinq ans sans l'aide d'un adulte, autant en ce qui concerne la barrière à proprement parler, que le système de verrouillage de l'accès ;
- la couverture doit empêcher l'immersion involontaire d'enfants de moins de cinq ans, et résister au franchissement d'une personne adulte ;
- l'abri doit être tel que, lorsqu'il est fermé, le bassin de la piscine est inaccessible aux enfants de moins de cinq ans ;
- l'alarme doit être telle que toutes les commandes d'activation et de désactivation ne doivent pas pouvoir être utilisées par des enfants de moins de cinq ans. Les systèmes de détection doivent pouvoir détecter tout franchissement par un enfant de moins de cinq ans et déclencher un dispositif d'alerte constitué d'une sirène. Ils ne doivent pas se déclencher de façon intempestive.

Les dispositifs conformes aux normes françaises ou aux normes respectives de ces solutions techniques [(1)] sont présumés satisfaire à ces exigences.

Les piscines construites avant le 1er janvier 2004 doivent avoir été équipées au plus tard le 1er janvier 2006 [(2)].

Les piscines construites avant le 1er janvier 2004 des habitations destinées à la location saisonnière doivent avoir été équipées au plus tard le 1er mai 2004 [(3)].

---

(1) NF P 90-306 pour les barrières, NF P 90-307 pour les alarmes, NF P 90-308 pour les couvertures et NF P 90-309 pour les abris.

(2) Loi 2003-9 du 3 janvier 2003.

(3) Loi 2004-1 du 2 janvier 2004 art. 19.

Ventilation mécanique contrôlée

- Un dispositif de commande d'arrêt doit être installé sur le circuit d'alimentation du groupe de ventilation. Cette commande est placée sur le tableau de répartition principal.

- Le circuit d'alimentation a une section de 1,5 mm^2. Il doit être protégé par un disjoncteur divisionnaire qui peut assurer en outre la fonction de commande. La protection doit être calibrée à 2 A sauf cas particulier où, en fonction des indications du constructeur, elle peut être augmentée jusqu'à 16 A.

Il est recommandé de choisir un groupe de ventilation dont le moteur possède une protection thermique incorporée.

Congélateur

Pour éviter l'arrêt du fonctionnement d'un congélateur par suite d'un défaut d'isolement dans l'installation ayant entraîné le déclenchement d'un disjoncteur différentiel général, plusieurs solutions peuvent être mises en œuvre.

Dans la plupart des cas, le congélateur est raccordé par une prise de courant et son alimentation est protégée par un dispositif différentiel 30 mA.

Trois cas sont possibles :

Le disjoncteur de branchement est différentiel

- celui-ci doit être de type S[(1)] et le congélateur est protégé par un dispositif différentiel haute sensibilité (30 mA) qui lui est spécifique (fig. 36 **cas 1**).

Le disjoncteur de branchement n'est pas différentiel

- le congélateur est protégé par un dispositif différentiel haute sensibilité (30 mA) qui lui est spécifique (fig. 36 **cas 2**).
- le congélateur est alimenté par l'intermédiaire d'un transformateur de séparation 230/230 V de classe II (par construction ou installation) (fig. 36 **cas 3**).

(1) Obligatoire au titre de la norme NF C 14-100, branchement à basse tension.

Raccordement d'un congélateur

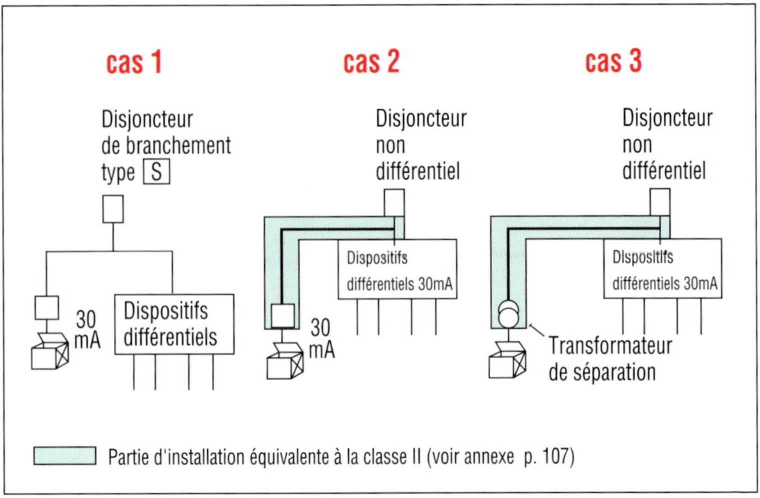

Fig. 36

Sonnerie

- Deux solutions peuvent être adoptées pour alimenter une sonnerie :
  - l'alimentation en 230 V ;
  - l'alimentation en 6, 8, 12 ou 24 V par l'intermédiaire d'un transformateur de sécurité ; dans ce cas, le bouton-poussoir est installé sur le circuit secondaire.

L'alimentation par transformateur de sécurité est recommandée pour les installations extérieures.

- Le circuit doit être réalisé en 1,5 mm² pour les alimentations en 230 V ou en câble sonnerie (0,5 mm² minimum pour les faibles longueurs à l'intérieur du logement) pour les raccordements effectués sur le circuit secondaire du transformateur de sécurité.

- Si le bouton-poussoir est à l'extérieur, il doit présenter un degré de protection IP24, un degré de protection contre les chocs mécaniques IK07 et être alimenté de préférence en TBTS.

- Les sonneries sont visées par la norme NF C 61-730.

Alarme

- L'alarme est alimentée par un circuit spécialisé du même type que l'alimentation du congélateur (voir paragraphe «Congélateur», page 87).

- Un système d'alarme comporte 3 types de composants :
  - une centrale de gestion de l'alarme ;
  - des détecteurs
    - techniques (incendie, fuite d'eau, de gaz...),
    - d'intrusion (détecteur périmétrique : ouverture des portes ou fenêtres ; détecteur volumétrique : présence ou mouvement) ;
  - un dispositif d'alarme
    - sonore (dissuasif),
    - report à l'extérieur par transmetteur téléphonique (voisin, société de télésurveillance).

- Les liaisons «centrale ↔ détecteurs» peuvent être assurées de trois manières différentes :
  - par fil,
  - par radio,
  - par infrarouge (dans le cas où la centrale est en vue directe du détecteur).

- Dans le cas de liaison par fil, la section est d'au minimum 0,5 mm^2 (0,1 mm^2 minimum dans le cas de circuits de signalisation ou de commande destinés à des matériels électroniques).

- Le matériel doit avoir obtenu la marque NF A2P, si elle existe pour le matériel concerné.

Volets roulants

L'alimentation de volets roulants doit être réalisée par des circuits spécialisés, en conducteurs de section minimum 1,5 mm^2. Il est recommandé de protéger ces circuits en fonction de la puissance des moteurs.

Porte de garage, de portail

Les canalisations enterrées doivent être réalisées dans les conditions précisées au paragraphe « Pose en enterré » (page 48).

Interphone, visiophone

- La liaison «module intérieur ↔ module extérieur» peut être réalisée pour :
  - interphone, par deux conducteurs dans le cas de remplacement d'une sonnette par exemple ;
  - visiophone, soit par câble coaxial, soit par câble multiconducteur.

Automatismes et domotique

- Commande de l'éclairage et d'autres utilisations par infrarouge, courant porteur ou onde radio.

  Ces dispositifs peuvent permettre de supprimer les interrupteurs traditionnels, donc de diminuer le nombre de canalisations et de disposer des commandes infrarouges sur pile, en n'importe quel point d'une pièce, sans se soucier des canalisations.

- Dans le cas de précâblage domotique, on se reportera utilement au document «Précâblage domotique - Recommandations interprofessionnelles N° 1» édité par Presselec [1], qui traite, entre autres, du voisinage des circuits basse tension et courants faibles.

(1) Presselec, 5 rue Hamelin - 75116 Paris.

Équipements de communication

Les réseaux de communication concernent à la fois les réseaux destinés au téléphone, les réseaux informatiques, les réseaux de distribution de la TV, etc. On trouve aussi, notamment chez les fabricants ou distributeurs de matériel, le terme de réseaux VDI (Voix-Données-Images).

Conception des réseaux de communication

Tableau de communication (figure 37)

Le tableau de communication de dimensions minimales 250 x 225 x 70 mm est destiné à recevoir le point de livraison de l'opérateur et doit comporter au minimum un bornier de terre et un rail. La liaison entre les borniers de terre des tableaux de répartition et communication doit être réalisée avec du cuivre ayant une section minimale de 6 mm^2 et une longueur maximale de 50 cm. Le tableau de communication peut être incorporé dans le tableau de répartition.

Le tableau de communication sert à :

- recevoir le point de livraison de l'opérateur téléphonique et/ou télévision (ou de l'antenne TV si la réception du bâtiment se fait par antenne) ;
- centraliser sur un panneau dit "de brassage" les extrémités des câbles reliés aux prises de communication réparties dans le logement ;
- distribuer ces signaux vers les prises communication qui, réparties dans le logement, sont chacune directement raccordées au tableau communication.

Nature des câbles et des réseaux

Un réseau de communication est une installation de câbles 4 paires torsadées en étoile (voir figure 38), à partir du tableau de communication qui se situe dans la GTL. Le câble 4 paires, utilisé à l'origine pour le téléphone, peut également servir à la réalisation de réseau informatique, à la distribution de la télévision ou à d'autres fins utilisant la circulation d'informations par signaux électriques (commandes, etc.).
Les câbles utilisés sont des câbles 4 paires avec écran pour câblage résidentiel, conformes au document UTE C93-531-12 de juin 2003.

Socle de prises de communication (téléphonie comprise)

Un socle doit être posé par pièce principale et dans la cuisine. L'un de

Exemple de tableau de communication

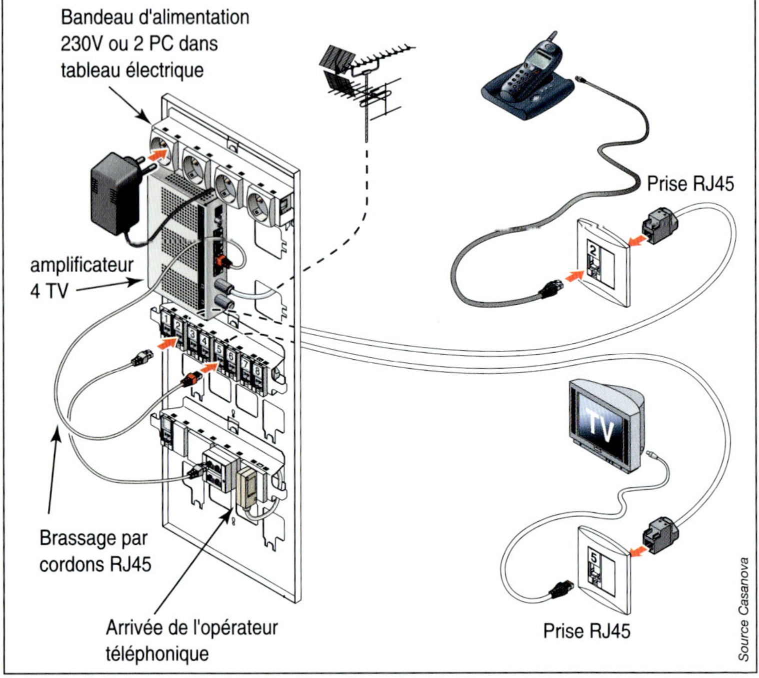

Fig. 37

ces socles est placé dans la salle de séjour, près de la prise télévision, en un emplacement non occulté par une porte. Chacun de ces socles est desservi par une canalisation provenant du tableau de communication (TC) de la gaine technique logement (GTL).

Les socles de prise de communication devront au minimum être conformes à la norme NF EN 60603-7-3 (prises dites «RJ 45»). Compte tenu du matériel téléphonique existant, les prises téléphoniques en forme de T inversé peuvent encore être utilisées, mais sont appelées à disparaître prochainement.

Prises télévision

Lorsque les réseaux de communication n'assurent pas la fonction de distribution de la télévision, l'équipement minimum consiste en la pose d'au moins :

- deux prises télévision dans les logements de surface jusqu'à 100 m^2 ;
- trois prises télévision dans les logements de surface supérieure à 100 m^2 .

Installation des réseaux de communication (téléphone, TV...)

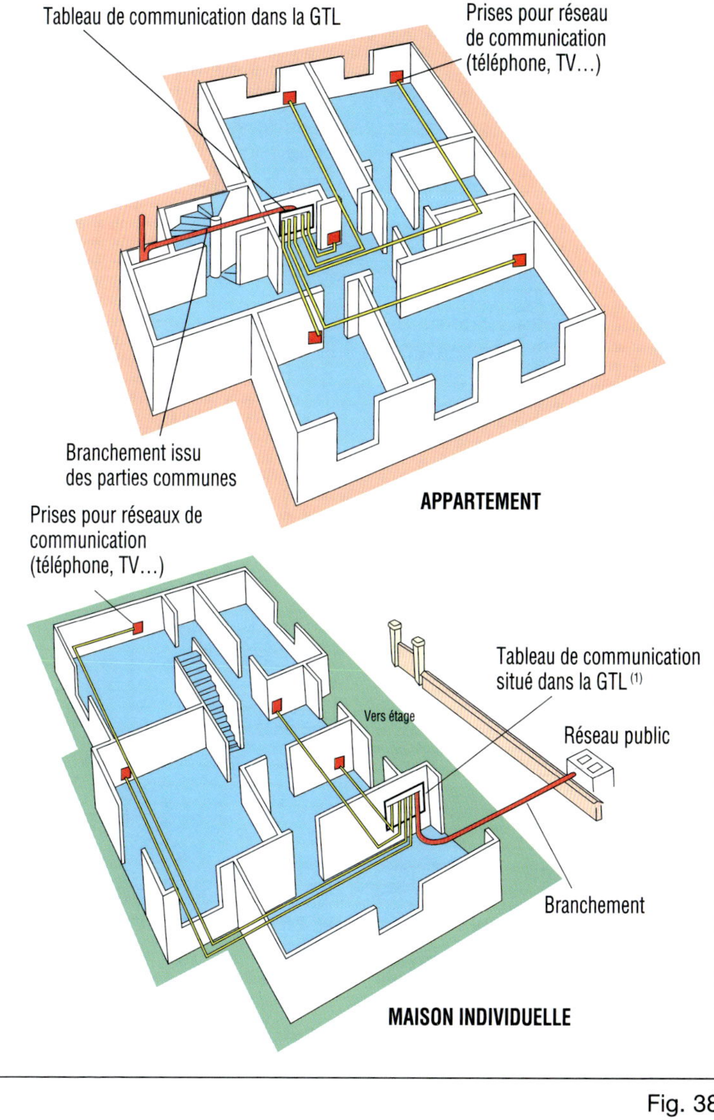

Fig. 38

L'une de ces prises doit être placée dans un endroit adéquat de la salle de séjour, près d'un socle de prise de communication.

Chacune de ces prises doit être desservie par une canalisation issue de la gaine technique logement (GTL).

Dans les logements jusqu'à 35 m², il est admis de n'avoir qu'une seule prise télévision.
Les prises coaxiales sont alimentées par des câbles coaxiaux conformes au guide UTE C 90-130.

Position et emplacement des prises de communication

Au moins un socle de prise de courant 16 A doit être placé à proximité de chaque prise de communication ou de télévision. L'axe des socles de ces prises de communication doit être à une hauteur minimale de 50 mm au-dessus du sol fini.
Les fixations à griffes ne sont pas admises pour les prises de communication.

Les socles de prise de communication (téléphone et télévision) ne doivent pas être installés dans les volumes 0, 1 et 2 des salles d'eau. Dans les cuisines ils ne doivent pas se trouver au-dessus des bacs des éviers et des plaques de cuisson.

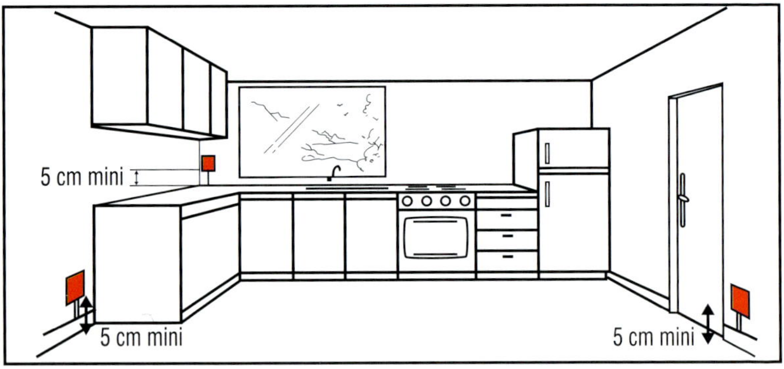

Passage des câbles

Les câbles de communication doivent emprunter des cheminements qui leur sont exclusivement réservés, d'une section minimale de 300 mm² (la plus petite dimension ne pouvant être inférieure à 10 mm) ou un conduit de diamètre minimal intérieur de 20 mm.
Dans les systèmes de goulottes, des alvéoles doivent leur être exclusivement réservées.
Les conducteurs d'un circuit de communication doivent être séparés matériellement de ceux d'un circuit énergie.
Afin de répondre aux exigences de performances de transmission et donc de garantir la qualité de service, il est recommandé de poser les câbles de communication conformément aux guides UTE C 90-483 et UTE C 15-900.

Installation d'une antenne individuelle

Ce paragraphe n'a pas pour vocation de donner toutes les indications pour bien réaliser une installation parfaitement conforme, mais il devrait permettre d'éviter les principaux écueils d'une installation simple en câble coaxial. Pour des installations plus complexes (installations dans des sites où la réception est mauvaise, distance importante entre la source et la prise TV, installations collectives ou d'un grand nombre de prises, etc.), un document sur les installations d'antenne sera édité par COSAEL[1] et donnera tous les détails qu'il est nécessaire de connaître pour faire des installations de distribution TV.

Les antennes

Les antennes sont prévues pour recevoir les signaux hertziens d'origine terrestre (par opposition aux signaux d'origine satellite reçus par paraboles).
Il existe trois types d'antenne :
- UHF pour les canaux 21 à 69 de télévision (de 470 à 860 MHz) ;
- VHF pour les autres canaux de télévision (entre 47 à 230 MHz) ;
- FM pour la radio (de 87,5 à 108 MHz).

La fixation de l'antenne doit être solide et durable : par exemple, la fixation lorsqu'elle se fait sur une cheminée, doit se faire par cerclage métallique.

Le choix de l'antenne se fait en fonction de son "gain", c'est à dire de la puissance du signal qu'elle restitue en fonction de la puissance du champ ambiant. Le champ ambiant est ce qui détermine la puissance du signal dans une antenne ; il dépend de l'éloignement de l'émetteur le plus proche, et de la configuration des lieux.

Le mât sur lequel est fixée l'antenne peut être surélevé afin d'atteindre un point où le champ ambiant est suffisant pour que la réception soit correcte.

La distribution

Type de câble

La distribution se fait en câble coaxial. A l'extérieur, ce câble doit avoir une gaine en polyéthylène (généralement de couleur noire) qui résiste mieux aux intempéries (soleil, pluie). A l'intérieur il doit avoir une gaine en PVC (généralement de couleur blanche) pour des raisons de sécurité incendie (le PVC ne propage pas la flamme).

---

(1) COSAEL est le Comité pour le contrôle de la qualité de la réception des signaux audiovisuels.

Autres éléments passifs

Pour alimenter plusieurs prises, il faut utiliser des répartiteurs ou des dérivateurs blindés qui sont beaucoup moins sensibles aux perturbations du signal par les parasites divers.

Transmission du signal :

Quelle que soit la qualité du câble, l'affaiblissement du signal dépend directement de la longueur du câble et du nombre de connexions qu'il comporte entre la source (l'antenne) et le récepteur (le poste de télévision).

Si l'affaiblissement du signal est trop fort entre la source et le récepteur, il est possible de le réhausser grâce à un amplificateur, qui doit être positionné, si possible, au plus près de la source : amplifier un signal trop faible amplifierait autant les parasites (la neige sur l'écran) que l'image.

Une amplification trop forte n'est pas non plus souhaitable : un signal trop fort peut, à la longue, endommager le tuner des téléviseurs ou saturer les amplificateurs. Une image trop amplifiée peut, par exemple, présenter un moirage sur l'écran (formation d'une trame de lignes parallèles perturbant une image vidéo).

Réception satellite

Les signaux hertziens venant des satellites sont reçus par des paraboles.

Ces signaux ne peuvent pas être lus directement par les téléviseurs actuels : il sont lus par un démodulateur (signaux analogiques) ou un terminal numérique (pour les signaux numériques).

Le réglage d'une parabole est plus délicat et il vaut mieux être équipé d'appareils spécifiques pour le réaliser. Le dernier point important à vérifier est la capacité du matériel employé à laisser passer les très hautes fréquences que fournit la tête de réception satellite : le plan de fréquences satellites (gamme de fréquences satellites) qui sort de la parabole appelé BIS (Bande inter satellite), va de 950 à 2 150 Mhz.

Il faut donc bien vérifier que les prises, câbles, dérivateurs, répartiteurs, amplificateurs, etc. sont bien compatibles avec ces fréquences.

VÉRIFICATION DE L'INSTALLATION

A la fin de sa réalisation, l'installateur doit effectuer les vérifications suivantes :

Résistance d'isolement

L'isolement doit être mesuré entre chaque conducteur actif et la terre à l'aide d'un ohmmètre à courant continu, sous 500 V au minimum, les appareils d'utilisation étant déconnectés.
Les valeurs de résistance d'isolement ne doivent pas être inférieures à 500 000 ohms.

Nota : *la résistance d'isolement des câbles chauffants noyés dans les parois des bâtiments doit être au moins égale à 250 000 ohms.*

Résistance de la prise de terre

La valeur de la résistance de la prise de terre (voir tableau 6 page 22) est obtenue :
- soit par la mesure de l'impédance de la boucle de défaut phase/terre,
- soit par la mesure directe avec un ohmmètre de terre.

Dans les deux cas, la mesure est effectuée à l'aide d'un appareil de mesure spécifique.

Conducteurs de protection

La continuité des conducteurs de protection et des liaisons équipotentielles principales et locales doit être vérifiée.

Dispositifs de protection

L'efficacité des dispositifs de protection doit être vérifiée comme suit :

- pour les dispositifs à courant différentiel-résiduel par examen visuel (adéquation courant différentiel résiduel assigné / résistance de terre) et essai si l'installation est sous tension ;
- pour les dispositifs de protection contre les surintensités par examen visuel (adéquation courant assigné / section du conducteur).

Contrôle réglementaire

- Le contrôle des installations de branchement comprises entre le réseau de distribution et l'origine de l'installation intérieure, constituée par les bornes de sortie du disjoncteur de branchement, est exercé par le distributeur d'énergie électrique, sur la base de la conformité aux règles de la norme NF C 14-100.

- Le contrôle de l'installation électrique intérieure à partir des bornes de sortie du disjoncteur de branchement est exercé par le Consuel (1) sur la base de la conformité aux règlements de sécurité en vigueur, en application du décret n° 72-1120 du 14 décembre 1972 modifié.

- S'il y a plusieurs installateurs, chacun établit une attestation de conformité pour la partie d'installation concernée.

(1) Consuel - Tour Chantecoq - 5 rue Chantecoq - 92808 Puteaux Cedex.
Tél. : 01 41 97 86 66 - www.consuel.com

ANNEXES

Branchement pour maison individuelle

Constitution du branchement

- L'alimentation électrique d'une maison individuelle est réalisée avec un branchement individuel constitué par :
  - le dispositif de raccordement au réseau de distribution publique ;
  - le coffret de coupe-circuit et de prise de téléreport ;
  - le compteur électronique (intégrant le relais-récepteur de télécommande) ;
  - le disjoncteur de branchement ;
  - les canalisations électriques de liaison entre les matériels ci-dessus.

Types de branchement

Il existe 2 types de branchement :

- **Type 1 : compteur placé à l'intérieur de la maison**

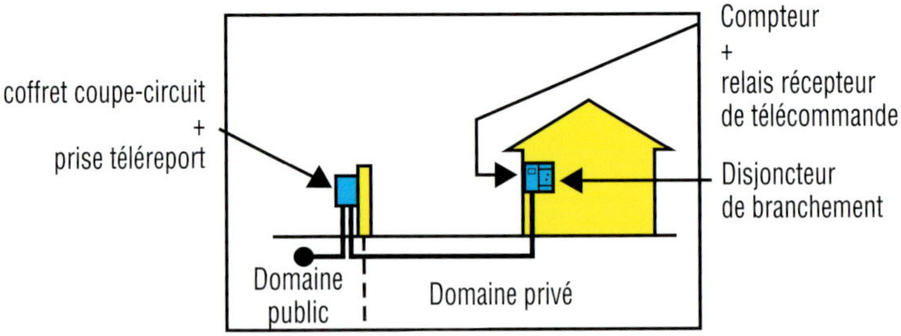

Fig. 40

La longueur de la liaison entre le dispositif de raccordement au réseau et le disjoncteur de branchement ne dépasse pas 30 mètres environ.
Le compteur électronique et le disjoncteur de branchement sont placés à l'intérieur de la maison.
Dans ce cas, le disjoncteur de branchement peut faire office de coupure d'urgence s'il est installé conformément aux prescriptions du chapitre “coupure d'urgence” page 11.

- **Type 2 : compteur placé en limite de propriété**

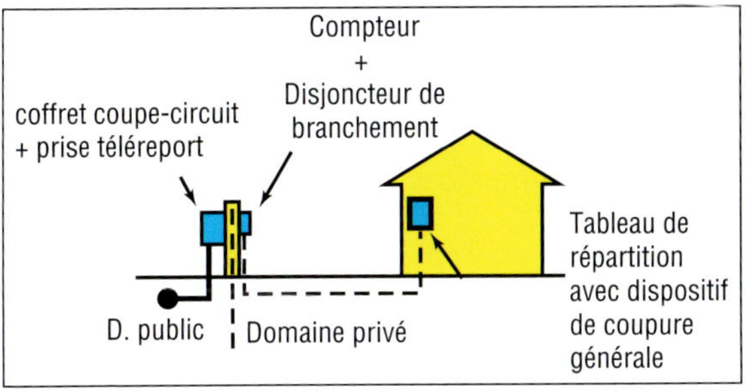

Fig. 41

La longueur de cette liaison est supérieure à 30 mètres environ.

Le compteur électronique et le disjoncteur de branchement sont placés dans un coffret en limite de propriété.

Important :
Dans ce cas, le disjoncteur de branchement ne peut pas faire office de coupure d'urgence. Aussi, faut-il installer dans la maison un dispositif général omnipolaire de coupure (interrupteur ou disjoncteur) assurant également la fonction de sectionnement sur le tableau de répartition de courant assigné au moins égal au calibre maximum du disjoncteur de branchement (voir "coupure d'urgence" page 11).
Si le disjoncteur de branchement n'est pas différentiel, la fonction de protection différentielle est alors assurée, pour l'ensemble de l'installation, par plusieurs dispositifs différentiels à haute sensibilité ⩽ 30 mA (voir "protection des personnes" page 21).
Dans ce cas, la liaison entre le disjoncteur de branchement et les dispositifs différentiels à haute sensibilité ⩽ 30 mA doit satisfaire aux dispositions indiquées page 108.

Canalisations

Les canalisations enterrées doivent être mises en œuvre en respectant les règles précisées page 48.

Canalisation en amont du disjoncteur de branchement

Cette canalisation constitue un ouvrage de distribution publique.
Elle doit être réalisée soit par le distributeur d'énergie électrique, soit

par une entreprise avec l'accord et sous le contrôle de celui-ci, conformément aux règles de la norme française NF C 14-100.

Canalisation entre disjoncteur de branchement et tableau de répartition

Cette canalisation fait partie de l'installation privative et, à ce titre, doit être réalisée conformément aux règles de la norme française NF C 15-100.
Si le disjoncteur de branchement est installé en limite de propriété, la mise en œuvre de cette canalisation doit être réalisée avec les séries de câbles ci-après :

- ***Le disjoncteur de branchement est différentiel***
  - U 1000 R2V sous conduit TPC ;
  - U 1000 RGPFV ou U 1000 RVFV (utilisés principalement en terrain inondable), le feuillard étant relié à la liaison équipotentielle principale à l'entrée du bâtiment.

- ***Le disjoncteur de branchement n'est pas différentiel***
  - U 1000 R2V sous conduit TPC.

Chute de tension

Lorsque le disjoncteur de branchement est éloigné du tableau de répartition (c'est notamment le cas quand celui-ci est en limite de propriété), la chute de tension admissible peut conduire à prendre une section plus importante que celle indiquée dans le tableau 3 page 14.

En effet, la chute de tension entre le disjoncteur de branchement et le point lumineux le plus éloigné ne doit pas être supérieure à 3 % (soit environ 7 volts).

Limiter la chute de tension à 2 % entre le disjoncteur de branchement et le tableau de répartition.
Il restera 1 % pour les fils entre le tableau de répartition et le point lumineux (ou la prise) le plus éloigné (environ 50 m maximum du tableau).

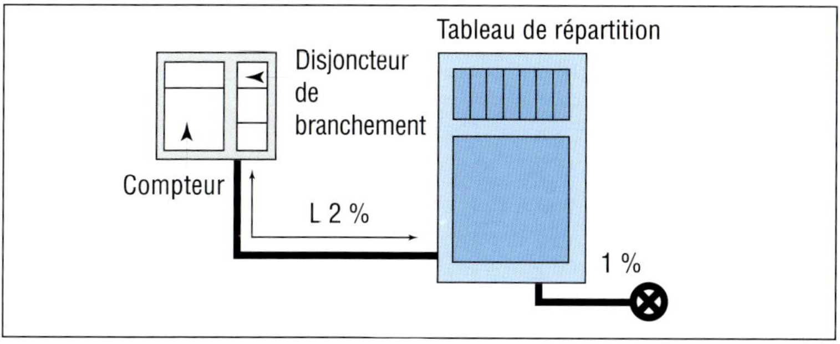

Fig. 42

A titre indicatif, pour une chute de tension de 2 % en monophasé, le tableau 27 indique les longueurs maximales L entre disjoncteur de branchement et tableau de répartition.

Longueurs maximales entre disjoncteur de branchement et tableau de répartition en monophasé.

Courant assigné du disjoncteur de branchement	Section cuivre en mm²							
	10	16	25	35	50	70	95	120
45 A	22	36	56	78	111	156	211	267
60 A	-	27	42	58	83	117	158	200
90 A	-	-	28	39	56	78	106	133

Tableau 27

La formule permettant de déterminer ces longueurs en monophasé est la suivante :

$$L = \Delta_U \frac{U_0}{100} \times \frac{1}{2\rho} \times \frac{S}{I}$$

avec Δ_U chute de tension en %

$U_0 = 230$ V

ρ = 0,023 (cuivre) 0,037 (alu)

S = section des conducteurs en mm²

I = intensité en A

L = en mètres

En monophasé, pour du cuivre et pour une chute de tension de 2 % la formule devient :

$$L = 100 \frac{S}{I}$$

Asservissement tarifaire

L'asservissement tarifaire est réalisé à partir des ordres recueillis directement aux bornes du compteur électronique.

Les conducteurs raccordés à ces bornes sont issus de l'installation privative et sont donc à mettre en œuvre en respectant les règles de la norme française NF C 15-100.

Le contact disponible au compteur permet de commander des gestionnaires d'énergie pour le chauffage, la production d'eau chaude et des appareils ménagers ou seulement des relais heures creuses de chauffe-eau électrique à accumulation.

Un exemple est traité au chapitre "chauffe-eau électrique à accumulation" page 75 dans le cas d'un disjoncteur de branchement accolé au tableau de répartition.

Dans le cas où le disjoncteur de branchement est en limite de propriété, une liaison entre le compteur et le tableau de répartition doit être réalisée à l'aide d'un câble qui peut passer soit dans un conduit différent de celui de l'alimentation électrique, soit dans le même conduit que celui de l'alimentation électrique (fig. 43). Dans ce dernier cas, l'accord du service local de distribution est nécessaire et il faut installer un appareil de découplage spécifique.

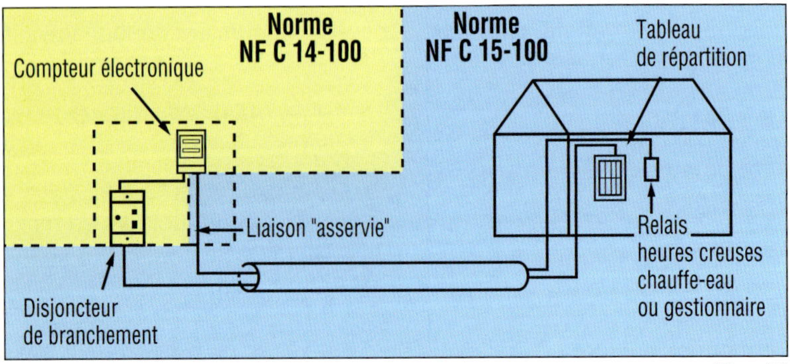

Fig. 43

Les conducteurs de ce câble doivent être de section 1,5 mm², protégés par disjoncteur divisionnaire 2 A.

Principes de réalisation d'une partie d'installation en classe II (ou par isolation équivalente)

Lorsque le disjoncteur de branchement n'est pas différentiel, la liaison entre les bornes de sortie du disjoncteur de branchement et les bornes de sortie du ou des dispositifs différentiels divisionnaires doit présenter le niveau de sécurité de la classe II (voir figure 44).

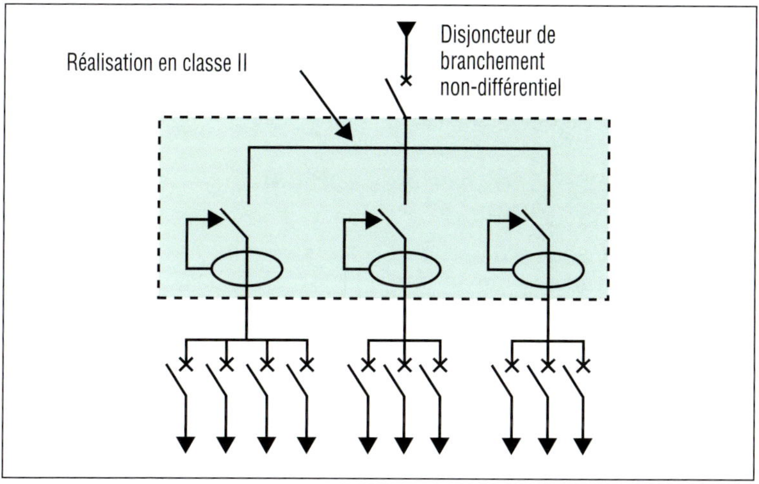

Fig. 44

Canalisation de liaison

- La canalisation de liaison doit être réalisée par l'un des types de conducteurs ou câbles suivants reconnus par la norme NF C 15-100 comme présentant le niveau de sécurité de la classe II (voir figure 45) :
  - conducteurs H 07-V posés sous conduits isolants ou dans des profilés en matière isolante (moulure, plinthe) ;
  - câbles ne comportant aucun revêtement métallique tels que ceux des séries : FR-N 05VV, U 1000 R2V, H 07-RN-F.

- Exceptionnellement, d'autres câbles ne présentant pas le niveau de sécurité de la classe II peuvent être utilisés, tels que ceux des séries U-1000 RGPFV, par exemple, lorsque cette liaison est enterrée dans un

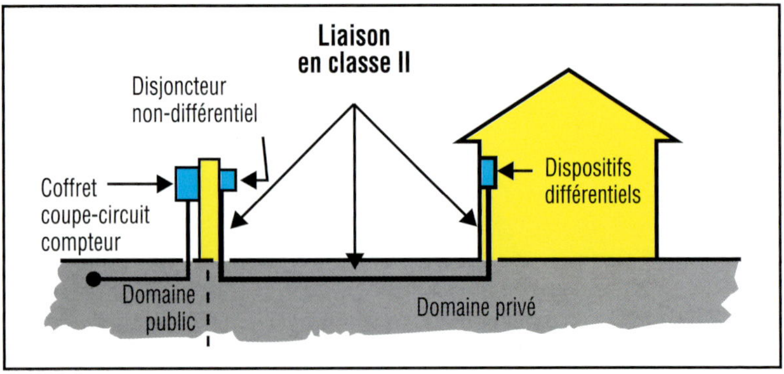

Fig. 45

terrain inondable. Le revêtement métallique doit alors être muni à ses extrémités d'une gaine thermorétractable (satisfaisant à un essai diélectrique équivalent à celui de la double isolation) évitant tout contact avec des parties actives ou des masses.

Choix et mise en œuvre des tableaux, coffrets et armoires

- Il est recommandé d'utiliser des coffrets ou armoires déclarés par le constructeur aptes à être utilisés pour la réalisation d'un ensemble de classe II, conformément aux règles de la norme NF C 15-100.

  Après la mise en place du tableau, armoire ou coffret, l'ensemble peut être considéré comme présentant le niveau de sécurité de la classe II, si, lors de la mise en œuvre, la fixation et le raccordement des conducteurs sont réalisés de façon à ne pas compromettre la double isolation. En particulier, l'enveloppe ne doit pas être traversée par des parties conductrices susceptibles de propager un potentiel dangereux.

- Lorsque le tableau, armoire ou coffret n'est pas apte à réaliser les équipements présentant le niveau de sécurité de la classe II, les matériels doivent être séparés de la masse du tableau, armoire ou coffret par une isolation supplémentaire. En outre, les bornes de la liaison doivent être protégées contre les contacts fortuits par des dispositifs cache-bornes présentant le degré de protection IPxxB.
  L'isolation supplémentaire peut être disposée :
  - soit entre chaque matériel et son profilé-support ;
  - soit entre le profilé-support et la masse du tableau, armoire ou coffret.
  Elle est constituée par des supports en matière isolante pouvant supporter un essai diélectrique à fréquence industrielle de 2 500 V pendant une minute ou présentant une épaisseur d'au moins 3 mm.

Exemple de schéma de principe

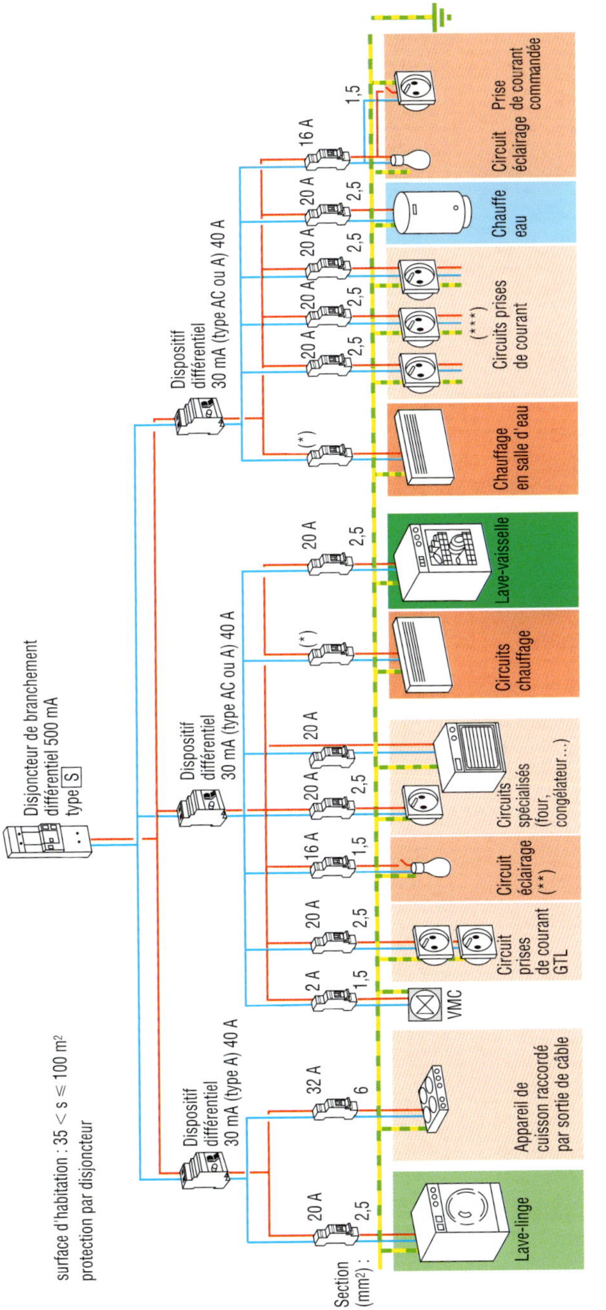

(*) Section des conducteurs et courants assignés des disjoncteurs fonction de la puissance des convecteurs.
(**) Minimum 2 circuits d'éclairage avec un maximum de 8 points d'éclairage par circuit.
(***) Jusqu'à 8 socles de prise de courant par circuit.

Index alphabétique

Glossaire

Circuit électrique

Ensemble de matériels électriques de l'installation à partir de la même origine et protégé contre les surintensités.
Ex. : protection (disjoncteur) + canalisation (conducteurs) + connexion (prise de courant).

Circuit terminal

Circuit relié directement aux appareils d'utilisation ou aux socles de prise de courant.

Classe I

Matériel comportant une isolation principale et un moyen de raccordement de la masse à un conducteur de protection mis à la terre.

Classe II

Matériel comportant à la fois une isolation principale et une isolation supplémentaire. Ce matériel ne comporte pas de moyen de raccordement de la masse à un conducteur de protection mis à la terre.
Les matériels à double isolation (symbole ⧈) sont des matériels de classe II.

Conducteur de phase

Conducteur affecté à la transmission de l'énergie électrique (repéré par toute couleur sauf vert, jaune, bicolore vert/jaune et bleu clair - généralement rouge ou noir).

Conducteur de protection

Conducteur destiné à relier à la terre les masses des matériels électriques et des éléments conducteurs (repéré par la couleur bicolore vert/jaune).

Conducteur neutre

Conducteur relié au point neutre du réseau et pouvant contribuer au transport de l'énergie électrique (repéré par la couleur bleue).

Contacts directs
Contacts de personnes avec des parties conductrices destinées à être sous tension.

Contacts indirects
Contacts des personnes avec des masses mises sous tension par suite d'un défaut d'isolement.

Court-circuit
surintensité due à des défauts entre conducteurs de polarités différentes.

Dispositif différentiel
Appareil mécanique destiné à provoquer l'ouverture d'un ou plusieurs circuits par suite d'un défaut d'isolement (disjoncteur différentiel ou interrupteur différentiel).

Liaison équipotentielle principale ou locale (supplémentaire)
Liaison électrique mettant au même potentiel des masses et des éléments conducteurs.

Masse
Partie conductrice d'un matériel électrique susceptible d'être touché par une personne et qui n'est pas normalement sous tension.

Prise de terre
corps conducteur en contact avec la terre et couvrant une liaison électrique avec celle-ci.

Surcharge
Surintensité due à un trop grand nombre d'appareils d'utilisation alimentés ou à des appareils trop puissants.

Surintensité
Tout courant supérieur à la valeur du courant d'après laquelle sont déterminées les conditions de fonctionnement des matériels.

Nota : *d'autres termes utilisés dans les présentes définitions ont été substitués au vocabulaire électro-technique international car plus couramment utilisés dans le domaine des installations électriques.*

Promotelec, association pour la promotion de la sécurité et du confort électriques dans le bâtiment

groupe

- Électricité de France,
- les organisations professionnelles nationales d'installateurs électriciens,
- les organisations professionnelles de la construction électrique,
- les organisations représentant le bâtiment,
- les organisations représentant les utilisateurs et les consommateurs.

LES MÉMENTOS PROMOTELEC

- LOCAUX D'HABITATION - Installation électrique.
- LA PROTECTION DIFFÉRENTIELLE
- IMMEUBLES COLLECTIFS D'HABITATION - Installation électrique des parties communes et des services généraux.
- ÉTABLISSEMENTS RECEVANT DU PUBLIC - Installation électrique.
- ENSEIGNES LUMINEUSES - Installations électriques d'éclairage basse et haute tension.

LES GUIDES PROMOTELEC

- LES ESPACES EXTÉRIEURS - Installation électrique.
- PROTECTION CONTRE LA FOUDRE - Installation électrique basse tension.
- LES LOCAUX ARTISANAUX ET COMMERCIAUX - Installation électrique.
- LES LOCAUX RECEVANT DES TRAVAILLEURS - Installation électrique.

Pour plus d'informations sur nos publications :
www.promotelec.com, rubrique "librairie"